Osprey DUEL

オスプレイ "対決" シリーズ
8

**Fw190シュトゥルムボック
vs
B-17フライング・フォートレス
ドイツ上空1944-45**

［著］
ロバート・フォーサイス
［カラーイラスト］
ジム・ローリアー
ガレス・ヘクター
［訳］
宮永忠将

Fw190 STURMBÖCKE vs B-17 FLYING FORTRESS
Europe 1944-45

Text by
Robert Forsyth

大日本絵画

◎カバー・イラスト解説
Fw190
1944年9月12日火曜日の早朝、マグデブルク上空で第3航空師団のB-17編隊に襲いかかる5.(Strum)/JG4所属、フランツ・シャール上級士官候補生のFw190A-8/R2 機体番号681385「白の16」。この日、第8航空軍はドイツ中部の合成石油精製プラントを爆撃するために900機の爆撃機を投入していた。典型的な強襲飛行隊の攻撃で、彼はすでに一航過の交戦を終えていて、表紙に描かれているのは、二航過目に敵の護衛戦闘機との間で戦闘が発生した場面である。同じく5.(Strum)/JG4のヘルベルト・シュロンド伍長のFw190が僚機として描かれている。両機はともにB-17に編隊からの離脱を強いる損傷を与えている。編隊から離脱した敵爆撃機は、護衛もないため、駆逐機などの恰好の餌食となる。この日の迎撃任務で、シャール上級士官候補生は2機目の撃墜スコアを記録している。

B-17
1944年3月29日、ライプツィヒの航空機工場の爆撃に参加した344BS/95BG所属のB-17G 42-31924「オールドドッグ」号は、Fw190(IV./JG3)の迎撃から逃れようと、必死になってもがいていた。機長であるノーマン・A・ウーリヒ少尉は、このときのクルーの奮戦について「戦闘機、正面10時方向直上（テン・オクロック・ハイ）と叫ぶ声が、インターカム越しに聞こえてきたので、窓の外に目を凝らした。すると我々の正面に戦闘機の姿があった。彼らは素早く身を翻してこちらに向かってくる。ほんの数秒の出来事に続き、私は炎に包まれ、単調だった世界の景色は恐怖で埋め尽くされた。2機のFw190がこちらに向かってきたことは覚えている。そのうち1機は我々に狙いを定め、機関砲を浴びせてきた。弾丸が機体を叩くのを感じ、同時にFw190も被弾して、大きな部品を機体からばらまいていた」と述懐している。だが、これで終わりではなかった。脱落機となって、安全空域までたどり着こうと奮闘するオールドドッグ号は、さらに別のFw190から追撃されたからだ。最終的に、このB-17は不時着を余儀なくされ、生存者は全員、戦時捕虜となっている。

◎凡例
単位諸元
原書の度量衡表記単位はマイル、ヤード、インチ、ポンド表記を用いているが、本書では読書時の利便性を考慮して、基本的にはメートル、キログラム換算に統一している。その際は、以下の換算表に準拠した。
・長さの単位
　インチ　2.54cm
　フィート　30.48cm
　ヤード　0.91m
　マイル　1609m/1.6km
・重量の単位
　ポンド　0.45kg

ドイツ空軍（Luftwaffe）
第二次世界大戦時のドイツ空軍における、編制上の柱となるのが戦闘航空団である。戦闘航空団は約40機からなる飛行隊3～4個で編成され、通常、各飛行隊には3個飛行中隊と司令部小隊が割り当てられている。
Jagdgeschwader　戦闘航空団（JGと略記）
Gruppe　飛行隊（ローマ数字で略記）
Staffel　飛行中隊（アラビア数字で略記）
Stab.　飛行隊の司令部小隊
Strum　強襲部隊を表している。
例）
IV.(Strum)/JG3　→　第3戦闘航空団第Ⅳ飛行隊（強襲）

アメリカ軍
第一次世界大戦時、アメリカ軍主力空軍は「陸軍航空部隊（Army Air Service）」としてスタートしたが、1926年には陸軍内で格上げされて「陸軍航空軍（Army Air Corps：USAAC）」となり、1941年6月には「Army Air Forces（USAAF）」へと拡大再編成された。これが「アメリカ合衆国空軍（United States Air Force）」へ昇格したのは、戦後、1947年のことである。
Bommer Group　爆撃航空群（BG）
Bommer Squadron　中隊（BS）
例）
344BS/95BG　第95爆撃航空群／第344中隊

◎著者紹介
ロバート・フォーサイス　Robert Forsyth
ドイツ空軍の歴史や作戦を長年研究し、世界中の公文書館や個人から収集したドイツ空軍関係の膨大な資料を保有している。また、かつてのドイツ空軍関係者に対するインタビュー経験も豊富である。本業は出版関係で、オスプレイのエリート部隊シリーズにも2冊の執筆実績がある。

ジム・ローリアー　Jim Laurier
ニュー・イングランド出身で、現在はニュー・ハンプシャーに在住。1974～78年をコネティカット州ハムデンのパイアー美術学校で過ごし、首席で卒業後は、職業画家、イラストレーターとして活躍。合衆国空軍の正式な依頼を受けると共に、航空機を描いた作品は、ペンタゴンに飾られている。

ガレス・ヘクター　Gareth Hector
国際的に活躍の部隊を広げているデジタルアーティストで、航空史にも造詣が深い。本書ではオーバーリーフの戦闘シーンと表紙を担当している。

目次
contents

4	はじめに	Introduction
8	年表	Chronology
10	開発と発展の経緯	Design and Development
22	対決前夜	The Strategic Situation
26	技術的特徴	Technical Specification
44	乗組員	The Combatants
53	戦闘開始	Combat
69	統計と分析	Statistics and Analysis
75	戦いの余波	Aftermath
78	参考図書	Bibliography

INTRODUCTION
はじめに

　世界大恐慌まっただなかの1930年代、やがて10年もしないうちにドイツとの戦争に突入する羽目になるアメリカ軍内部では、重爆撃機こそが戦略的スケールの攻撃能力を秘め、かつもっとも強力な兵器であるという確信が、徐々に浸透しはじめていた。こうした派閥の揺籃となったのが、アラバマ州のマックスウェル基地に設置されていた陸軍航空軍戦術学校（US Army Air Corps Tactical School:ACTS）である。重爆撃機による戦略的攻勢案は、最終的に陸軍航空軍の軍事ドクトリン[訳註1]として固まってゆく。

　こうした重爆撃機を主体とする軍事ドクトリンの起源のほとんどは、当時はまだ無名だったイタリアの軍事理論家ジュリオ・ドゥーエに求められる。1911年にトルコとイタリアの間で行なわれた戦争[訳註2]の体験を元に、ドゥーエは爆撃機が空軍戦力の中心となり、世界の空を支配する未来を予言していた。

　以上のような主張を展開したドゥーエの著書が1921年に英訳されると、彼の過激な理論は瞬く間に各国空軍へと広がり、各々の空軍ドクトリンに溶け込んでいる。とりわけ、来るべき航空主兵の時代には、高々度から圧倒的な物量で侵攻する重武装爆撃機群が、未熟な迎撃戦闘機を寄せ付けず、それでも挑んでくる敵機を撃破しながら侵攻するという青写真に夢中になる航空関係者が続出した。

　市街地上空に殺到し、空を覆い尽くすような爆撃機群が、無防備の生産拠点に精密爆撃によって爆弾の雨を降らせ、危険にさらされた市民は、為すすべもなくただ逃げまどうしかない。このような情景を描いたアメリカの作家もいた。それだけではない。敵の都市上空に展開した陸軍航空軍の爆撃機から、無防備な工場に爆弾が切れ間なく降り注いでいる情景を描いた画家まで現れた。このような絵画の中では、戦闘機は有効射程の外側を力なく飛び回るか、「要塞のような」爆撃機の防御銃火の犠牲となって錐もみしながら落ちて行く、無力な存在として扱われている。もちろん、これらはすべて空想の産物だが、支持者は少なくなかった。大西洋を隔てたイギリスでは、保守派の政治家スタンリー・ボールドウィンが、「街角にいる市民を爆撃の脅威から守ることができる国など、この地球には存在しない。爆撃しようと欲しさえすれば、爆撃機はその目標に到達できるのである」と、1932年末に語っている。

　もちろん、ACTSのドゥーエ理論信奉者も、将来に性能を向上させるであろう「追撃機」あるいは迎撃戦闘機が爆撃機主体の空軍ドクトリンに及

訳註1：ドクトリンとは、狭義には「原則・教義」を意味するが、この場合、アメリカ軍航空部隊において重爆撃機を中心とした戦力を、政戦略の中でどのように活用するか。そして戦争に際しては、同戦力を用いての勝利に貢献するための作戦、戦術上の運用原則を定めたものという意味である。

訳註2：リビアの領有権を巡り、イタリアとオスマン＝トルコ帝国との間に勃発した戦争（伊土戦争）。この戦争でイタリアは28機の航空機を戦場に投入した。この航空攻撃に戦略的な意義はほとんど無かったが、偵察や爆撃に飛行機が使用された最初の戦争となった点が重要である。1912年に締結したローザンヌ条約で、イタリアへのトリポリタニア、キレナイカの割譲が認められた。

1943年初期、イギリス某所の第8航空軍割り当て飛行場で撮影。もっとも一般的な装備を身につけたB-17フライングフォートレスのクルーたち。乗機に積み込む弾薬の運搬車に便乗している。背後に見えるB-17の胴体には、初期の特徴を残した星形マークが描かれ、操縦席背後の銃塔もはっきりと確認できる。真ん中の200ポンド爆弾に腰掛けているのが士官だが、表情にはかけらも不安が見られない。

訳註3：航空戦担当将校として、1917年にヨーロッパに派遣されたウィリアム・ミッチェルは、第一次世界大戦後、航空機の軍事利用に関する数々のアイディアを提唱し、陸軍航空軍参謀長として准将に昇格した後は、戦略爆撃の重要性を訴えて、爆撃機部隊の増強に尽力した。しかし予算縮減の折に、航空部隊の拡充を巡って陸海軍上層部と衝突し、退職を余儀なくされた。1936年に死去するが、その後、勃発した第二次世界大戦において彼の先見性が正しかったことが認められ、議会名誉勲章を死後受勲した。B-25ミッチェル爆撃機は彼の名にちなむが、個人名が付けられたアメリカ軍航空機はB-25だけしか存在しない。

ぼす影響を、甘めに試算している。例えば1934年、ACTSのハロルド・L・ジョージ大尉とロバート・M・ウェブスター大尉は、ニューヨークに対する昼間精密爆撃の損害を詳細に検討した。研究の結果、もし水道、電気、輸送システムなどの社会インフラを攻撃目標とした爆撃が正確に行なわれれば、ニューヨークは「居住不可能」になると結論している。

アメリカ合衆国は長大な海岸線を持っている。これを守ることを主眼に置いた長距離哨戒爆撃機という陸軍航空軍の野心的な要求に対して、ボーイング社が1935年7月に提案した四発爆撃機、全金属製の「モデル299」は、洗練された空力デザインも相まって、ジョージやウェブスターをはじめとする、重爆撃機信奉者の胸を熱くした。

陸軍航空軍副参謀長の職にあったウィリアム・"ビリー"・ミッチェル准将 [訳註3] は、軍用機の航続距離延長は、やがてアメリカ合衆国の防衛戦略に根本的な変化をもたらすことになると提唱していた。「航空機は、敵対国の中枢に対して、国家が有する攻勢ないし防御意志を投射する力を持つだろう。航空主兵の戦争では、決着が早くなる。航空優勢は大破壊をもたらす力、脅威となりうる力を秘めている。したがって、敵国は長期にわたる戦争遂行が不可能になる。なぜなら航空兵力で劣勢にある国家には空からの災厄にさらされ続けることになるからだ」と、彼は予見している。

既存の輸送手段を、距離、速度の両面ではるかに凌ぐ航空機の能力は、常にアメリカの防衛戦略の大前提となっていた、地理的な孤立という利点を薄くしてしまう。

民間航空機としての設計をベースにしながら、さらに開発が進められたモデル299は、全翼幅33m、750馬力のプラット＆ホイットニー R-1690-E

ホーネット空冷星形9気筒エンジンを4基搭載し、7.62㎜ないし12.7㎜機関銃を収容可能なブリスタータイプの機関銃座を4ヵ所に装着できた。さらに機首に機関銃座を置くことも可能で、機内の爆弾倉には最大8発の600ポンド(約270kg)爆弾を積載できた。

　1935年7月28日、シアトルで行なわれたモデル299の初飛行を目の当たりにしたシアトル・デイリー紙の記者が、「フライングフォートレス(空の要塞)」と書き立てて、巨大爆撃機が搭乗した驚きを伝えたという説が一般的になっている。同様に、ACTSの幹部も、いずれ空の要塞——B-17が難攻不落の重爆撃機になるという確信を得ていた。

　しかし1930年代後半に入ると、レーダー技術の実用化や戦闘機の高性能化が、ドゥーエ理論の前提だった爆撃機の「侵攻能力」領域を侵しはじめるのだが、生まれたばかりのB-17を取り巻く一種の多幸感は、こうした客観的事実から目を背けていた。それどころか、ドゥーエ理論に傾倒するあまり、敵側の防御力も向上し続けるものだという基本的な事実さえ考慮しようとしなかった。事実、1943年にポイントブランク作戦 [訳註4] を実施するまで、アメリカ軍は、ドイツ空軍の破壊を最優先戦略目標にしていなかったのである。

訳註4：1943年中盤より実施された、ドイツ空軍の戦闘機生産設備に打撃を与えて、全戦線における空軍力の破壊を主眼とした、一連の爆撃作戦の総称。ドイツ空軍機に迎撃を強いることで与える損耗も作戦の狙いに含まれていた。

　しかし、イギリスに展開している第8航空軍の爆撃機部隊装備強化のために、USAAFがB-17を送りはじめる1942年中盤にはすでに、搭乗員はヨーロッパの爆撃任務が苛酷であることを強く感じ取っていた。

　ポーランド戦を皮切りに、フランス、オランダ、ベルギー、イギリス、そしてソ連空軍との戦いを経て、ドイツ空軍はドーバー海峡に至る西ヨーロッパの占領地区全域に、洗練された防空体制を構築していた。1942年中盤までに、西ヨーロッパに展開する戦闘航空団が保有するメッサーシュミットBf109F戦闘機は160機に達していた。この戦闘機は、1941年の海峡上空における「サーカス」「ルバーブ」「ロデオ」といった航空作戦の中で、例えば7./JG2のエゴン・マイヤー少尉や、1./JG26中隊長のヨゼフ・プリラー中尉といった後に大エースとなるパイロットを多数輩出し、イギリス空軍(RAF)のスピットファイア戦闘機を相手に、撃墜スコアを急速に伸ばしていた。RAFは、海峡の向こうの敵が容易に屈服する相手ではないことに気付いていた。

　とりわけ恐ろしい難敵として立ちはだかったのが、1941年後半にはじめてフランス上空に姿を現した、ドイツの新型戦闘機フォッケウルフFw190である。第2、第26戦闘航空団で実戦配備が始まったFw190は、D型に至りエンジンに1,700馬力のBMW801を採用して、さらに強力になった。初期のA-1、A-2型では、エンジン周辺およびエルロン(補助翼)、昇降舵および降着装置に技術的なトラブルが頻発したものの、改修を繰り返した後には、Fw190は信頼性に優れた戦闘機であることがはっきりした。特に6,000m以上の高度ではスピットファイアⅤ型やハリケーンⅡに優り、武装面でも、機首に内蔵された2挺の7.92㎜ MG17機関銃に加え、主翼の内翼側には速射性に優れたMG151/20機関銃が2挺、さらに外側の主翼内部にはMG-FF 20㎜機関砲が2挺備わっていて、非常に高い破壊力を有している。

　この重武装に加え、地上での取り扱いやすさもパイロットには歓迎された。実際、Fw190は主脚の幅が広くとられているので、この点はBf109Fの

主脚配置より明らかに優れている。また、Bf109系で採用されていた液冷エンジンよりも、Fw190シリーズが搭載した空冷エンジンは故障が少なく信頼性が高い。

　1942年6月20日の時点で、第3航空艦隊ではⅡ./JG1、Ⅱ.,Ⅲ./JG2、Ⅰ.,Ⅱ.,Ⅲ./JG26で合計250機のFw190が稼働中であるという報告を残している。

　USAAFが重爆撃機群を投入する段階になって、西ヨーロッパ上空の戦いが新たな局面を迎えつつあるという事実は連合軍に強いショックを与えた。そして、B-17とFw190がはじめて対峙してからの3年間に見られた両者の死闘は、西ヨーロッパ上空の戦いの中でも際立つエピソードで彩られることになるのだ。

1944年3月、ローテンブルクで燃料、弾薬を補給しているI./JG11所属のFw190A-7。主翼の下では整備兵がMG151/20E外翼機関銃に弾薬をセットしている。また胴体下部には300リッターの落下式燃料タンクが装着されている。A-7系は、1941年の生産型であるA-1やA-2などと比較して重武装化が著しく、理想的な「爆撃機キラー」となっていた。

年表──CHRONOLOGY

1935年
7月18日 ボーイング社のモデル299がシアトルで初飛行。

1937年
1月 最初の試作機Y1B-17フライングフォートレスがライト・フィールド基地に輸送される。
9月 ドイツ航空省がフォッケウルフ社に対してBf109より優れた性能を持つ戦闘機の開発要求をする。

1938年
7月18日 フォッケウルフ社は試作戦闘機1号機Fw190（実験機番号V1）の設計に着手する。

1939年
6月1日 Fw190V1がブレーメンで初飛行に成功。

1941年
5月 Fw190A-1の量産が始まる。
9月 B-17Eの最初の生産ロットがアメリカ陸軍航空軍（USAAC）に引き渡される。

1942年
7月1日 第8航空軍第8爆撃兵団のB-17がイギリスに到着。
8月17日 第8航空軍による最初の爆撃が行なわれる。97BG所属の12機のB-17が占領下フランス、ルーアンの鉄道ターミナルを爆撃。自機の損害はなかった。

1943年
9月 第8航空軍にB-17Gの引渡しが始まる。ドイツ空軍機の対進攻撃に対抗し、B-17Gでは対空機関銃の死角を埋めるために、機首に動力銃塔を備え付けるなどの改良が施されていた。
10月 アハマー飛行場にて第1強襲飛行中隊が新設される。増強を続けるUSAAFに対抗するため、重武装、重防御を施したFw190A-7およびA-8の配備を受けた最初の部隊である。
10月14日 第8航空軍は229機のB-17を投入してシュヴァインフルトを空襲したが、60機撃墜、17機大破、121機小破の損害を被る。
11月 MK108 30㎜機関砲搭載型のFw190A-7の量産開始。

第97爆撃航空群の地上要員たちが、今まさに飛び立つ瞬間のB-17Eを手を振って見送っている。おそらく1942年夏、グラフトン飛行場で撮影された。同年8月、第97爆撃航空群は第8航空軍所属の爆撃部隊として、北フランスの鉄道ターミナル空襲に従事した。写真の機体は、主翼の下面に戦前からの識別マーキングを残している。

1944年 2月	Fw190A-8/R2"強襲戦闘機"が生産開始される。
3月6日	強襲飛行隊がベルリン上空で112機のB-17と交戦。第1強襲飛行中隊とIV./JG3による迎撃で20機以上のB-17を撃墜したとの報告があがる。
4月13日	第8航空軍はB-17の爆撃範囲を南ドイツの航空機生産拠点まで拡大する。
5月8日	III.（Sturm）/JG3が編成される。
7月7日	中部ドイツの製油工場を狙った米軍爆撃機部隊に対して、はじめて強襲飛行隊が集中投入される。
8月1日	フォン・コルナツキー中佐の元でII.（Strum）/JG4が編成される。
8月9日	ダール少佐の元で、II.（Sturm）/JG300がFw190A-8装備の強襲飛行隊として再編成される。
9月28日	マグデブルクを空襲した第8航空軍を、強襲飛行隊は全戦力で迎撃する。II.（Strum）/JG4は敵重爆撃機の総撃墜数34機のうち10機を撃墜した。
11月2日	IV.（Sturm）/JG3はコブレンツの南西上空で、大戦で最後となる大規模な強襲攻撃を敢行し、22機を撃墜する。

スピナー周辺に記念の装飾が施された、JG300の指揮官ヴァルター・ダール少佐の乗機、Fw190A-8「青の13」を正面から撮影。1944年9月、フィンスターヴァルデ飛行場にて。同月11日の午前中の出撃時に、ハレ＝ライプツィヒ上空でB-17Gフライングフォートレス1機を撃墜して、少佐の通算撃墜スコアは75機に到達した。

開発と発展の経緯
Design and Development

■Fw190A

　ドイツ空軍が手にしたフォッケウルフFw190は操作性と整備性に優れ、大量の武器を搭載可能で、制空戦闘機、重武装の迎撃戦闘機、あるいは地上攻撃機と、多彩な用途に柔軟に対応可能な傑作戦闘機だった。

　もちろん、Fw190の開発はたびたび遅延し、迷走することもあった。1937年に航空省技術局がフォッケウルフ有限会社に、まだ試験も終わっていない新型戦闘機メッサーシュミットBf109より優れた性能を発揮する戦闘機の開発を求めてくると、工学ディプロム（大学所定課程を修了した後、試験合格者に与えられる学位）である同社の技術部長クルト・タンクを中心とした設計チームは、寝食を忘れて設計机にかじり付いた。

　しかし、最初の設計図が完成する前に不満の声を挙げたのは、メッサーシュミット社をはじめとする競合メーカーではなく、航空省だった。彼らはBf109の設計案が斬新で優れているのを見て、フォッケウルフ社が性能と品質の両面でこの戦闘機を凌ぐ機体を設計開発するのは不可能であろうと見なすようになっていたからだ。将来、ドイツが関与する戦争では新型機の並行開発に時間と資源を投入できる理由もなければ、充分な数を採用する目処も立たないと、反対派は主張した。さらに付け加えるならば、フォッケウルフ社の開発案は、迎撃能力を重視した無骨な戦闘機といった方向性であり、苛酷な戦場での酷使に耐える仕様になってはいたものの、攻勢向きの機体ではなかった。このような思想の方向性が、航空省の意に沿わなかったのである。

　この時期のドイツ空軍は、来るべき戦争が──機動性に優れた軍による迅速な攻撃によって、数週間から長くても数ヶ月単位で勝利する──短期決戦となることを前提としていたが、フォッケウルフ社の提案に関して検討を進めた航空省も同様の思想を持っていた。基本的に、防空的運用を重視した戦闘機を、当時のドイツ空軍は必要としておらず、空力学的に優れた重要で高価な液冷エンジンを提供してまで同社の設計案を採り上げる理由はないと考えるのは、自然のなりゆきだった。

　しかし、タンク技師自身も従軍経験者であり、他にも熱意あふれる才能豊かなエンジニアがいたこともあって、フォッケウルフ社はあきらめなかった。航空省技術部の各部署に働きかけて、協力者を捜し出したのである。そして、酷使に耐える空冷エンジンの調達に目算が立ち、フォッケウルフ社とタンク技師の開発案が、Bf109に提供が決まっていたDB601液冷エンジンの生産計画に影響を及ぼさないことが明らかになると、航空省は同社に対して、新型戦闘機の設計開発を認めたのである。

　1938年夏、航空省とフォッケウルフ社との間で、18気筒、1,550馬力を発揮するBMW139エンジンを搭載した単発単座戦闘機──Fw190の試作機

1941年晩夏にブレーメンのフォッケウルフ工場で撮影されたと思われる、II./JG26に配備されるのを待つ新品のFw190A-1。戦闘航空団の兵員がハンブルクからそのままベルギーまで操縦した。

3機分の製造契約が交わされた。軍用機に鳥の名前を付ける空軍の伝統にしたがい、Fw190には「モズ(ビュルガー)」という名が与えられた。1938年秋に同社が設計に着手したFw190V1では、MG17 7.9㎜機関銃、MG131 13㎜機関銃各2挺、計4挺をすべて翼内に搭載するという提案がされていた。

　フォッケウルフ社のスタッフは、最大限の時間と労力を投入してFw190の設計開発に取りかかったが、作戦環境下を想定して、整備にかかる負荷を可能な限り軽減する機体を開発することに主眼を置いていた。BMW139が問題の多いエンジンであることは開発当初から明らかだったが、1939年6月1日、模範的な試作機として最高に美しい仕上がを見せたFw190V1の初飛行で、このエンジンの最大の問題点が浮き彫りとなった。同社のテストパイロットであるハンス・ザンダーは、飛行中に過熱したエンジン廃熱によって摂氏55度まで上昇したコクピットの中で、あやうく窒息しかけたのである。

　BMW社はすぐさま代替案としてBMW801エンジンの提供を申し出た。このエンジンは、直径こそBMW139と同等だったが、全長が長く、重量で比較して159kgも重かった。このエンジンを搭載するには、操縦席の位置をずっと後に下げて、機体の強度も見直さなければならない。しかし、明らかになった困難にも関わらず、空軍の技術部は1,600馬力のBMW801エンジンをFw190開発計画の軸に据えることを決定した。当然のように、この新たなエンジンにも初期不良が頻発した。V6試作機では、テスト飛行中にエンジンの廃熱によってカウリングの温度が上がりすぎて、機首上部機関銃の弾薬が暴発寸前になっている。

　だが、1940年4月、ブレーメンにある作業所で再設計した機体にBMW801C-0エンジンを搭載した5番目の試作機の試験飛行の場に、空軍の最高実力者ヘルマン・ゲーリング国家元帥が居合わせたことが、フォッケウルフ社に幸いした。改造は翼面加重と運動性の両面に好ましくない影響をもたらしたのだが、ゲーリングは新型機Fw190にいたく感銘を受けたのである。実際、ゲーリングのお墨付きが決め手となり、6機分のFw190A-0が増加試作されることになった他、1941年2月末にはレヒリン空軍試作機実験センターにて、第190試験飛行中隊（オットー・ベーレンス中尉）が創隊された。

　この時の試作機にも、初期不良が多数見つかっている。プロペラ周辺の機構トラブルも目立ったが、関係者を最も悩ませたのがBMW801Cエンジンだった。Fw190A-0の到着から初夏にかけての期間、エンジン工学に精通していたベーレンス中尉は、部下の整備士やパイロットら（大半は

Ⅱ./JG26からの転属）とともに、トラブル対処用訓練を入念に行なっていた。1941年8月、技術的なトラブルは解決したと判断され、Fw190A-1の量産に進んだ。武装はラインメタル＝ボルジヒ社製MG17（機首上部のカウリング付近に2挺、内翼に2挺）と外翼に搭載されたエリコン社製MG-FF 20㎜機関砲2挺である。機体はベルギーに展開していた6./JG26に引き渡された。これにともない、第6飛行中隊はBf109EからFw190A-1に装備変更となった。

しかし、第190試験飛行中隊の最善の努力にもかかわらず、問題は完全に解決できなかった。8月と9月には9機のFw190が故障したが、ベーレンスの報告に拠れば、問題の根本は、やはりエンジンの過熱とコンプレッサーの故障に収斂する。提供予定だった801Dエンジンの開発が遅延して、供給が滞っていたことも、さらに事態を悪化させた。

1941年9月18日 ベルギー沖合を哨戒中に、ブレニムⅣ爆撃機とスピットファイアの編隊と遭遇した際に、Fw190ははじめての損害を被った。犠牲となったのは　スペイン内戦以来のベテランで、Ⅱ./JG26飛行隊長、25機の撃墜記録を持つヴァルター・アドルフ大尉である。これが、同年末まで絶え間なく小競り合いを続けることになる、Fw190A-1とスピットファイアMk.Vの最初の空中戦となった。

1941年後半には、アウデンベルト駐屯のStab./JG26（ゲルハルト・シェプフェル少佐）とサン・オマールのⅠ./JG26（ヨハンネス・ザイフェルト少佐）、2つの部隊がFw190A-2を受領した。この頃には、ブレーメンの同社工場以外に、オシャスレーベンのAGO社やヴァルネミュンデのアラド社などでの外部委託がはじまっていたため、フォッケウルフ社ではA-1の時よりはるかに多数のFw190を供給できる体制が整っていた。

Fw190A-2は改良型のBMW801C-2エンジンを搭載し、冷却効率を上げるためにカウリングの後部に通気孔を追加していた。武装も内翼機関銃をプロペラ同調式のマウザー製MG151 20㎜機関砲2挺に強化した。また、この型番の機体ではレヴィ C/12D射撃照準器と、FuG7無線送受信機、FuG25IFF（敵味方識別装置）を装備していた。重大なことは、難敵としていたスピットファイアMk.Vに対して、Fw190A-2が武装面と速度面で上回り、いまや空中戦で圧倒していたことである。A-2の前線配備が進むにつれて、制空戦闘のバランスが突然ドイツ側有利に傾きはじめたと言うのは大げさだが、均衡状態には戻っている。1941年8月から1942年7月の間に、Fw190A-2の生産機数は合計425機となった。

この期間に、JG26のパイロットたちは新たなFw190を手にして次々と成功を収め、自信を深めていった。1942年3月の損害記録を比較すると、RAF戦闘機軍団(ファイター・コマンド)は32機のスピットファイアと27名のパイロットを失っているが、JG26では作戦中に戦死したパイロットは4人しかいない。その一ヶ月前、新たに戦闘機総監に就任したアドルフ・ガランドは、それまで指揮していたFw190装備のJG26に、Bf109装備のJG1とJG2を加えた戦力をもって、複雑な航空支援作戦「ドンナーカイル（電神）」を指揮した。巡洋戦艦シャルンホルスト、グナイゼナウ、重巡洋艦プリンツ・オイゲン、以上3隻の大型戦闘艦を、幽閉状態同様だったブレスト港から、白昼堂々、イギリスの庭先であるドーヴァー海峡を横断して安全なドイツ本国に帰還させるという、極めて大胆な作戦における、上空掩護任務である。ガランド

1944年5月、バルスに展開中の12./JG3に所属していたヴィリ・ウンガー伍長の乗機、Fw190A-8/R2「黄色17」。機体の白帯部分には、第Ⅳ飛行隊を表す黒い波線が描かれていて、大戦後半に一般的な斑点模様の迷彩を基軸としている。武装は翼内にMG151 20㎜機関砲とMK108 30㎜機関砲を搭載し、機首上部の13㎜機関銃はカウリング形状を改良した上で搭載している。この機体は、操縦席に増加装甲を取り付けたほか、機体下部には後方発射型の21㎝ロケットランチャー、WGr.21「カニ装備」を搭載している。敵爆撃機群の中を航過しながら後方に発射する兵器だが、速度と運動性能に与える影響もあり、評価は錯綜している。

Fw 190A-8/R2

9.0m

3.95m

10.50m

はこの作戦を成功に導いた。JG26は敵機7機を撃墜し、損害は4機、うちFw190はA-1が2機、A-2が1機だった。

1942年3月には、西ヨーロッパに展開する他の戦闘航空団にもFw190の配備がはじまった。最初に装備とパイロットの転換訓練が急がれたのがル・ブルジュのⅠ./JG2（第2戦闘航空団"リヒトホーフェン"）と、騎士十字章受賞者の"アッシ"、ハンス・ハーン大尉が指揮するシェルブール・テビュ基地のⅢ./JG2で、Fw190-A-1を順次受領した。翌月には"ハイノ"、カール・ハインツ・グライザート大尉麾下、ボーモン・ル・ロジェおよびトリックヴィルに展開する第2飛行隊がFw190A-2を受領し、イグナツ・プレステレ大尉が指揮する、シェルブール、サン・ブリュー、モルレーに配備されたⅠ./JG2の残りの部隊も、順次、A-2に換装された。

一方、3月4日にはオランダに配備されたⅡ./JG1の6名のパイロットが、アブヴィル-ドゥルカのⅡ./JG26に移動して、慌ただしくFw190A-1の慣熟訓練を受けた後に、ドイツ北部のローテンブルク-ヴューメに移動した。ここで彼らは乗機だったBf109F-4から降りて、15名ほどのパイロットと共にFw190A-2ないしA-3に装備転換された。5月には、JG1配下の第4～6各飛行中隊の装備転換が終わり、6月初旬までにはヴェンスドレヒトとカトウェイクの飛行中隊がそれぞれFw190を受領している。

早くも、同月1日の夕方にはⅥ./JG1のマイスナー伍長がスピットファイア1機を撃墜し、翌日の午前には、同じく第6飛行中隊のフレックス伍長とブラーケブッシュ伍長が2機のハドソン哨戒爆撃機を撃墜した。しかし、6月19日にJG1は最初の大きな試練に直面した。Ⅱ./JG1の17機のFw190A-2が、ベルギー沿岸上空で24機のスピットファイアと遭遇したのである。結果は、どちらが優勢とは言い切れない。第6飛行中隊では、4機のイギリス機を撃墜し、自軍機は2機が撃墜されているが、これにはブラーケブッシュ伍長機が含まれている。この戦闘記録からはっきりするのは、ベルギー、オランダ、ドイツ北西部およびデンマーク上空の防空任務についていたJG1において、Fw190の密度が高まっていたという事実である。

1942年4月には、JG26がFw190A-3を受領した。1941年末に稼働をはじめたAGO社およびアラド社の生産ラインで製造した機体である。A-3のエンジンはBMW801D-2で、シリンダーの圧力比が向上し、2つの過給器を改良した結果、出力は1,700hpに強化されていた。武装はMG17とMG151を各2挺搭載し、空中アンテナの変更に合わせて垂直尾翼の形状を変更したほか、カウリングも改良されている。A-3の生産は1943年まで続き、総生産数は509機に達した。

A-2とA-3を受領したのは、Stab./JG1およびⅡ.,～Ⅳ./JG1、Stab./JG12およびⅠ.～Ⅲ./JG12と10.～12./JG12、Ⅰ.,Ⅲ.,Ⅳ./JG5、ⅩⅣ（爆撃）./JG5、Ⅲ./JG11、10./JG11、Stab./JG26、Ⅰ.～Ⅲ./JG26、Ⅹ./JG26、Stab./JG51、Ⅰ.～Ⅲ./JG51、Ⅰ.,Ⅱ./JG54であり、この他にも占領地で稼働していた多数の訓練飛行隊や、偵察飛行中隊、第25実験飛行隊にも配備されている。

Fw190A-3は一連の改修計画の中で、戦闘爆撃機としても用いられた。A-3/U1［訳註5］はETC500兵装ラックを、A-3/U3はETC250胴体下部兵装ラックとSC50翼下兵装ラックを搭載したほか、A-3/U7というサブタイプもある。

訳註5：Fw190の改修型はUとRの記号で区別されているが、U仕様は工場製造段階での改造"Umbau"を意味し、R仕様は、前線レベルで必要に応じて装着できる"交換装備（Rüstsatz）"を意味している。Fw190/A-6以降は、両者の区別は無くなり、R仕様に統一された。

初期生産型のFw190Aがカメラからバンクして外れる瞬間。1942年春の時点で、フォッケウルフは恐るべき武装プラットホームであると同時に、頑丈な迎撃機であることを、自ら証明した。

　Fw190A-4は、完全に「戦闘機／戦闘爆撃機」用途の両立が図られた機体で、5,000m以下ならMW50水／メタノール混合液噴射装置によって、ごく短時間ながらエンジン出力を上昇させることができた。A-3での評価試験結果が良好だったことから、Fw190A-4も同じ兵装ラックを装着しているだけでなく、より幅広い用途に対応する能力の獲得に向けて、積極的にサブタイプが開発された。A-4/U1は固定武装をMG151に減らす代わりに、SC250（250kg）爆弾を2発搭載可能なETC501兵装ラックを装着していたが、1942年10月に登場したA-4/U3こそ、まさしく「襲撃機（地上攻撃機）」と呼ぶのにふさわしい。この機体は対空砲火が激しい地上攻撃任務に配慮して、カウリング前部に6mm、同下部とコクピットに5mmの鋼鉄製防弾装甲を取り付けて、パイロットや燃料タンク、エンジンの安全性を強化していた。A-4/U8は長距離侵攻用の地上攻撃型で、これまでの完全装備に加え、300リッターの落下式燃料タンクと翼下兵装ラックには4発のSC50（50kg）爆弾を搭載できた。MW50混合液噴射装置の他に、A-4はFuG 16Z VHF無線機を装備していた。

　1943年4月以降になると、Fw190A-4はA-5に順次置き換えられた。BMW801D-2エンジンを搭載するのにあたって、取り付け位置を15cmほど前に移して、構造を強化したのがA-5の特徴で、1943年夏にかけて合計723機が製造された。A-5は基本的にA-4と同じだが、多彩な用途に応える戦闘機というコンセプトにかなう機体として、フォッケウルフ社は空軍に対して自信を持ってこの機体を薦めていた。固定武装のカノン砲や落下式燃料タンク、胴体および主翼下部の兵装ラックに加えて、アメリカ軍の爆撃編隊を攻撃するためのWGr.21空対空ロケットランチャーが搭載可能だったからだ。

　1942年から43年にかけてFw190の改良が進むと、西ヨーロッパおよびドイツ本国上空での戦いぶりから、迎撃戦闘機としてのFw190の有効性が認識されはじめる。例えば、1942年11月13日付で柏葉付騎士十字章を授与されている、Ⅰ./JG12所属のヨゼフ・ヴュルムヘラー少尉は、同年8月19日に連合軍が実施したディエップ上陸作戦の阻止に出撃して、スピットファイアを7機撃墜している。彼の最終的な撃墜スコアは60機である。Ⅶ./JG26の飛行隊長であるクラウス・ミエタシュ中尉も、同じ8月19日にディエップ上陸作戦でスピットファイアを2機撃墜したことが認められた。さらに8日後には、別のスピットファイア2機を撃墜し、彼の通算撃

1942年、海峡方面において厳重に擬装が施されたハンガーからJG2所属のFw190A-4を引き出す地上要員。主翼前縁には珍しいパターンのカモフラージュが入念に描かれている。

墜スコアは22機となった。1943年中盤までには、多くのパイロットがヴュルムヘラーやミエタシュの後を追うように撃墜スコアを伸ばしている。

理屈で言うならば、クルト・タンクが開発した頑丈で機敏なFw190には、海峡の向こう側で急速に配備が進んでいた米第8航空軍の「フライングフォートレス」と対抗する準備が整っていたと言えるだろう。こうして対決の掛け金は跳ね上がりはじめていた。

■B-17フライングフォートレス

USAACの上層部がイタリアの航空戦略家ジュリオ・ドゥーエの理論を継承していると言う事実を、もしニューヨークの住民が確かめたいと思うなら、1937年5月のマンハッタン上空を見上げるだけで充分だろう。銀色のなめらかな機体が印象的な四発巨人機、第2爆撃航空群に所属する7機のボーイングY1B-17が悠々と編隊飛行をしている様を目にできるからだ。彼らはアメリカ国民と世界中の人々に向けて自らの存在を印象づけるために、1ヵ月にわたる宣伝飛行を遂行中の部隊だった。アメリカの都市を守り、他の国の都市には戦争の災厄をもたらす象徴となる爆撃機を披露したUSAACは、得意の絶頂にあった。

Y1B-17は1935年末から1937年3月にかけて生産されてきたが、USAACが同機の仕様要求を提示したのは1934年8月8日のことである。1トンの爆弾を積載して長距離飛行が可能な多発機というのが、USAACの当初の要求である。こまかく中身を見ると、全備状態での速度は250km/h以上、航続距離は高度3,400mで3,200kmとなっている。採用されれば、200機の受注が見込める開発計画だった。

この爆撃機開発には、ダグラス社、マーチン社、そしてシアトルのボーイング社をはじめ、いくつかの航空機製造メーカーが名乗りを挙げたが、ボーイング社の開発チームはすでに製造実績がある全金属製の民間用航空機モデル247を洗練させる形で、四発爆撃機となるモデル294を設計した（ダグラス社とマーチン社は双発爆撃機を提案していた）。

先任技師のエドワード・カーティス・ウェルスが先頭に立ち、ボーイング社は文字通り持てる資本と労力をすべて投入して、この競争試作に臨んでいた。全翼幅が30mを超える低翼構造と円筒形の胴体によって、特徴

ニューヨーク上空を編隊飛行中の第2爆撃航空群所属のY1B-17。アルゼンチンのブエノスアイレスを目指す途中の様子で、1938年2月、長距離飛行性能テストを兼ねた大々的な宣伝飛行として実施された。帰路はフロリダ州マイアミを飛び立ち、根拠地のあるヴァージニア州ラングレーに帰還することになる。この時代はまだドゥーエ理論が支持されていた。

的な流線型が一層際立っている。爆弾倉には250kg爆弾8発を積載できた。750馬力のP&WホーネットR-1690-E空冷星形9気筒エンジンが4基取り付けられ、プロペラは3枚羽根、主脚はエンジンナセルへの引き込み式になっていて、飛行中の空気抵抗を抑えていた。

　モデル299として製造された試作機は、乗員8名で、その構成は、パイロット、副パイロット、爆撃手、航法手／無線手、機関銃手4名からなっていた。ブリスタータイプの銃座には手動機関銃を1挺ずつ、計4挺を備えている。銃座の正確な位置は、翼と胴体が交差する位置の機体上部、および下部に1挺ずつと、主翼後方の胴体左右側面に1挺ずつで、各々の銃座には7.62mmか12.7mmのどちらかの機関銃を設置できた。

　モデル299の製造は1934年8月16日からはじまり、試作1号機は1935年7月28日に完成した。テストパイロットはボーイング社のレスリー・タワーである。この試作機はモデルX-299としてUSAACに提出されたが、軍用の開発ナンバーに類似しすぎていることから一旦退けられ、後にB-299と改称された。

　シアトルからUSAACの実験場があるオハイオ州デイトンのライト・フィールド基地まで自力で飛行したB-299は、良好なテスト結果を残した。モデル299は、ダグラス社およびマーチン社より優れた案だったが、実際に速度、到達高度、航続距離、積載量など、あらゆる数値が要求を上回っていた。USAACはモデル299をYB-17として認可し、65機の試作発注を同社に提示した。ところが3ヵ月後に、ライト・フィールドでテスト中に離陸事故を起こして、パイロットのタワーと、同乗していたライト・フィールド試験部主任、プローヤー.P.ヒルが犠牲となった。飛行前に、昇降舵のロックを外し忘れたのが事故の原因だった。この事故で、モデル299（B-299）の開発継続に赤信号が点灯した。USAACでは増加試作を取りやめて、やや時代遅れだが安価なダグラス社のB-18「ボーロー」に切り換えようとする動きが具体化しはじめた。

　しかし、1936年になると状況は一変した。USAACはボーイング社に対して、新たに「Y1B-17」の要求仕様のもとで試作機13機を発注したのである。Yは通例、正式採用前のテスト中の機体名称に付けられる識別用符号である。この増加試作機はすべてヴァージニア州ラングレー・フィール

1935年7月28日、シアトルを飛び立ったボーイング・モデル299。メーカー試作機だったため、民間識別番号X-13372が与えられている。飛行中の姿をとらえた写真からは、機体上部のブリスター型機関銃座のほか、機体下部および胴体右側方の機関銃がはっきりと確認できる。

ドの第2爆撃航空群（ロバート・C・オールズ中佐）が受領した。930馬力のライト製R-1820-39サイクロンエンジンを採用したのが、Y1B-17の主要変更箇所である。ところが、またも同機を災厄が襲う。1936年12月2日の初飛行後、12月7日には議会関係者の視察中に、最初期生産機のY1B-17が着陸時のブレーキ破損で、滑走路の端にある土盛りに機首を突っ込む事故を起こしてしまうのだ。同機に対する疑いの声は大きくなったが、それもやがて忘れられていった。

1937年3月には第2爆撃航空群が最初のY1B-17を受領し、残りの11機も随時到着して、同年8月4日には13機目がライト・フィールドに姿を現した。政府とUSAAC関係者、そして国民に認知させる重要な機会である。USAAC麾下のあらゆる重爆撃機から集められた第2爆撃航空群のクルーは、同機の長所と短所を徹底的に洗い出す責任を負っていた。「もしY1B-17が事故でも起こせば、爆撃機開発計画そのものがご破算になってしまうことを、我々は皆承知していたよ」と、同航空群で当時少尉だったロバート・F・トラヴィスは回想している。

1938年に第2爆撃航空群が実施した宣伝飛行と記録飛行は大成功を収めた。とりわけオールズ中佐が成し遂げた12時間50分でのアメリカ大陸東西横断飛行は、大衆の注目の的となった。彼は続けて、東に向けて復路を飛行し、平均時速245km/h、10時間46分で飛び切った。この他にも、アルゼンチンを目指した宣伝飛行を成功させている。

1939年1月には14番目の試験機がUSAACに引き渡された。Y1B-17Aと名付けられたこの機体は、エンジンにターボ・スーパーチャージャーを内蔵している。試験飛行は順調で、上昇高度は3,000mも増加して、高度7,500mでの最高速度が30km/hほど増加したこの機体は、B-17B（試験機を表すYの符号は取れている）と呼ばれ、39機が追加発注された。ここに正真正銘の「フライングフォートレス」が誕生したのである。

B-17は、試作爆撃機であるモデル299と、民間旅客機のモデル247のそれぞれの空力特性を併せ持つ低翼単葉機で、特のその翼の大きさで際立っていた。

USAACが最初のB-17を受領したのは1939年のことで、配属先となった第2、第7爆撃航空群は、カリフォルニアで高々度精密爆撃テストを実施して、実際の戦場では望むべくもない好条件であるとはいえ、満足いく結果を出していた。B-17Bの強力な推進力は、出力1,200hpのライト製9気筒R-1820-G205Aエンジン4基によって生み出されていたが、さらに後継となるB-17Cは、銃座のブリスターを撤去して、機銃手の稼働スペースを広く取り、機関銃の射界を改善している。

全翼幅を31.2mに改めたB-17Dは、電気系統を改良した他に、操縦席後

ベリー・セント・エドモンズ（ローアム）に駐屯する333BS/94BG（第94爆撃航空群第333飛行中隊）所属のB-17G 42-39775「フレネシ」号、1944年1月。機長はウィリアム・セリー少尉。この機体の塗装はUSAAF標準のオリーブドラブとグレーで仕上げられ、94BG所属を示す黒字の"A"が垂直尾翼の白い四角の中に描かれている。シリアル番号と識別記号も尾翼にクロームイエローの塗料を使ってステンシル塗装されている。1944年1月11日に実施されたブラウンシュヴァイク空襲に、第4コンバットウィングの一員として参加したこの機体は、敵戦闘機の攻撃で大破した。修理を施された後でローアムに戻り、333BG所属機として活躍し、1944年11月には戦闘疲労により任務を解かれ、部品取りに使用された。

B-17G フライングフォートレス

22.78m

5.82m

31.63m

方にある機体上部銃座は改良され、機体下部には「バスタブ」型銃灯を設けるなど、機体の内外に改良を加えられていた。D型の防御用対空機関銃は7.62mmが1挺、12.7mmが6挺と増加している。また、「空の要塞」の異名にふさわしく、防御面の強化も図られた他、カウリングの形状が改められ、翼下の兵装ラックは廃止された。

B-17BおよびB-17Cは、フィリピンおよびハワイに送られた他、RAF（イギリス空軍）でも使用された。RAFでは、B-17の燃料タンクに独自の防弾仕様を施した上で、「フォートレスI」と呼んで運用していたが、昼間爆撃を前提として設計されていたB-17シリーズは、RAFから期待していたほど好印象で迎えられなかった。1941年7月24日、フランスのブレスト上空で敵戦闘機から攻撃された1機は、着陸時に全損している。また、この2週間前にヴィルヘルムスハーフェンを空襲したフォートレスIは、上空で機関銃座が凍結したために効果的な対空射撃が行なえず、爆撃目標も発見し損ねている。

1941年9月になると、ボーイング社はB-17Eを提出している。この機体は、B-17Cより全長が約1.8mほど長く、モデル299を重量で7トン上回っている。E型は、爆撃機としての安定性を向上させる必要から、水平尾翼と垂直尾翼を大型化しているため、実質的にデザインが一新された機体と見なせるだろう。また、「スティンガー」と呼ばれる機尾銃座を設けて、防御力の向上を図っている。機体上部の銃塔は動力式となり、爆弾倉後方、機体下部の動力銃塔も遠隔操作式になるなど、防御火力の強化が著しい。結果として、E型では12.7mm機関銃8挺のほかに、プレキシグラス製の機首銃座には7.62mm機関銃1挺が据えつけられていた。

1941年12月7日に日本軍が真珠湾を奇襲した時点で、USAAFは150機のB-17爆撃機を保有していたが、これだけの機体を用意できたのは、ダグラス社、ベガ社が同機の生産に加わり、ロッキード社も協力関係にあったことによる賜である（ベガ社は1943年11月30日にロッキード社に買収されている）。ボーイング社は他社の協力を仰ぐにあたり、設計図と工作機械を提供していた。

USAAF司令官のヘンリー・アーノルド大将は、1942年1月2日に第8航空軍の創隊を認可したのに続き、その6日後にはアイラ・C・エイカー准将に、第VIII爆撃兵団の編成を求めている。そして8月に入ると、ラブラドル、グリーンランド、スコットランドのプレストウィックなど、北大西洋の主要航路をたどるように中継しながら、B-17がイギリスの基地に続々と飛来した。到着した機体は、ハートフォードシャイアおよびノーサンプトンシャイア基地に新設された97BGと301BGに編入された（92BGの機体はニューファンドランドからスコットランドまで2,120マイルの距離を無着陸で飛行している）。故郷から遥か遠くに離れた戦場まで飛んできた乗員は、この新型爆撃機の操縦や、無線機、火器の扱いに習熟しているとは言えない状態だったにもかかわらず、冒険的な軍事行動に身を投じることになる。8月末の時点で、119機のB-17がイギリスに展開していたのである。

間もなく、B-17は最初の戦火の洗礼を受ける。8月17日の午後遅く、RAFから派遣されたスピットファイアMk.IXの4個飛行隊に掩護された97BG所属の12機のB-17は、占領下フランスのルーアン近郊にあるソッテヴィルの港湾施設に対して合計18トンの爆弾を投下した。「爆撃隊に寄り

1944年1月11日のブラウンシュヴァイク空襲で迎撃され、主翼と水平尾翼に重大な損傷を負った、333BS/94BG所属機B-17G 42-39775「フレネシ」号が、ローアム郊外の疎開地で雨に打たれて頼りなさ気に駐機している。左翼の上に立って、敵戦闘機から受けた損傷具合を検分しているのが、同機の機長でテキサス州ヒューストン出身のウィリアム・セリー少尉と、副機長はカリフォルニア州サンタローザ出身のジャベス・F・チャーチルの2人である。主翼と水平尾翼に大穴が空いただけでなく、エンジンが破壊され、酸素供給装置とインターカムが使用不能になったにも関わらず、フレネシ号はローアムに帰還できた。ボーイングB-17フライングフォートレスの強靭性、耐久性を示す好例だろう。

添うような敵襲だった」とエイカー准将への報告にあったように、イープルヴィルの上空で、Ⅱ./JG26とJG2のFw190がB-17の編隊を襲ったのである（この時、ドイツ軍の迎撃部隊はB-17をRAFのスターリング爆撃機と誤認していた）。高射砲によって2機のB-17が軽い損傷を受けたが、犠牲者は出さなかった。こうして、B-17の投入によりヨーロッパ上空の戦いは、新たな局面に入ったのである。

同月、イギリスの航空雑誌"The Aeroplane"の技術担当編集者ピーター・マンスフィールドがグラフトン・アンダーウッド基地の97BGを訪れた際、駐機中のB-17E「ヤンキー・ドゥードゥル」号に招待された。この機は本来、92BG所属機だったが、ソッテヴィル爆撃に備えて97BGに割り当てられていたのである。マンスフィールドは、この時のことを読者向けの記事に残している。

「大きく、そして低く伸びる姿勢のまま、戦いの傷も生々しい茶色の機体が、灰色に染まる冬のイギリスの風景と著しい対照を為していた。"フォートレス"の内部は7つに区分されている。後方の尾部区画から眺めてゆくと、方向舵の下に手動の機尾銃座がある。その前方は尾脚格納スペースとなっていて、隣接する同体後部区画には側方銃座があり、さらに前方の隔壁に隣接するように下部銃塔の入り口が確認できる。隔壁の向こう側は無線機器室区画になっていて、無線機室上部の銃座には無線手が操作する12.7mm機関銃がある。爆弾倉の狭い通路を進むと、上部銃塔の真下に出る。銃座のすぐ前は操縦席で、パイロットと副操縦手の座席が並んでいる。座席の間から前方に潜り込むように入ると、そこには機首銃座があり、前方射界の機首機関銃の他に爆撃用照準器が据えつけられている」

このように、機内の様子を説明した後で、マンスフィールドは次のように締めくくっている。

「アメリカ兵が操縦する"フォートレス"はまだドイツ上空を飛んでいない。しかし、その時が来れば、"フォートレス"編隊の高々度飛行性能は、敵に対して何にもまして強い脅威を抱かせるに違いない。しかし果たして、日中の好天時にしか実施できないドイツの産業施設に対する爆撃で予想される犠牲に見合うほどの戦果が上がるだろうか。残る疑問はその一点に尽きる。我々は、間もなくその答えを知ることになるだろう」

数ヶ月後、驚くべき結果を伴って、その答えが突きつけられることになる。

技術的特徴
Techinical Specifications

■**Fw190　シュトゥルムボック（破城槌）**

□Fw190A-6

　フォッケウルフ社が手がけたFw190シリーズの派生機については、まず最初に搭載火器の数および重量の増加に対応するために翼内構造に改良を加えたバージョンを採り上げるべきだろう。前線部隊では、外翼武装のMG-FF機関銃が火力不足であり、単にA-5タイプにとっては無駄な重量にしかなっていないという認識が一般的になっていた。これを受けて登場したのがA-6タイプである。

Fw190A-8/R2　翼内兵装

Fw190A-7からA-9までの機種は、機種上部にラインメタルMG131 13mm機関銃を2挺搭載し、両翼内にはマウザーMG151/20E 20mm機関砲を各2挺、合計4挺搭載している。A-8/R2は重爆撃機に対抗すべく、近接攻撃能力を向上させるために、外翼のMG151をMK108 30mm機関砲に交換している。A-8/R3はラインメタルMK103 30mm機関砲（発射速度は毎分450発）を翼下ゴンドラに搭載していた。

もともとが東部戦線向けとして登場したA-6は、着脱が自在な交換装備を搭載できる特徴を重視して開発された、多用途任務用の機種である。
　Fw190A-6は、ヴァルネミュンデのアラド社、オシャースレーベンのAGO社、カッセルのフィーゼラー社にて、1943年5月から翌年2月にかけて、1,192機が生産された。搭載しているエンジンは出力1,700hpのBMW801D02で、カウリングや必要な外装品と一揃いで納品される仕様になっていたので、工場では掲揚作業だけで取り付け可能となっていたために、生産時の省力化に大きく貢献しただけでなく、野戦での現場修理も容易にした。これはいわゆる「ゴンドラ」と呼ばれる組み立て完成部品の考え方を導入した最初の例である。野戦部隊では100作戦時間ごとにオーバーホールし、3回に1度は野戦工廠での分解点検を実施するように求められていた。
　通常の機体内燃料タンクの他に、主脚収納部の間に設置されたETC501兵装ラックには、300リッターの落下式燃料タンクを懸架できた。増槽に燃料を満載した状態での追加重量は240kgである。
　A-6の兵装は、機首上部のラインメタル-ボルジヒ製MG17 7.92㎜機関銃2挺、翼内には電気作動式のマウザー製MG151/20 20㎜機関砲が4挺であ

Fw190A-8/R2　WGr.21空対空ロケットランチャー

　Fw190の多くの機種でWGr.21空対空ロケットランチャーが使用されている。もともとは歩兵用の兵器だったものを、爆発の効果によって敵の重爆編隊を乱し、防御力を低下させる目的で、Fw190用に改造したロケット砲である。1.3mほどの長さのロケット発射筒は、4箇所の留め具とセンターフックを使って翼面下部に懸架される仕組みになっている。重量112kgのロケット弾（弾頭重量は40kg）は発射筒の後端近くにある3つの留めバネで支持されていて、同じく発射筒の後部に付いているスクリューボルトが滑落を防いでいた。発射筒は、緊急時には電気作動式爆薬によってセンターフックから切り離されるようになっていた。発射筒の操作は2つの発射スイッチとレヴィ16B射撃照準器が収められたコクピット内の操作パネルを通じて行なわれる。パイロットが発射ボタンを押すと、両翼のスピン安定式ロケットが同時に発射される仕組みになっている。ロケットの時限信管は、工場出荷時に800mにセットされていて、現場で変更できない仕組みになっていた。このため射程の変更は不可能であり、発射速度の遅さと相まって、有効弾を与えるには目標の上空60mを狙い、爆撃機の28m以内で爆発させなければならなかった。

1944年初等、ドルトムント飛行場にてハンガーから野外に引き出されたI./JG1所属のFw190A-6。エンジンにはBMW801D-2を搭載している。胴体下部のETC501兵装ラックには300リッターの落下式燃料タンクを懸架し、カウリングには所属飛行隊を示す黒と白の帯状パターンが描かれている。

る。MG17に用意されていた曳光弾を活かすことで、MG151/20の命中率が向上した。

　Fw190A-6/R1（R1は交換装備の略号）では、外翼のMG151/20機関砲を取り外して、代わりに機関砲2門を格納したWB151/20翼下ゴンドラを取り付けることができた。新たに下請け会社となったLZR＝キューパー社がこの生産を請け負い、1943年11月20日に初期生産分の60機が納品された。短い試用期間を経て、WB151/20に代わり、外翼内にMK108 30㎜機関砲を搭載したのがFw190A-6/R2である。この兵装は、フィーゼラー社によってMK108 30㎜機関砲を搭載した外装ポッド装着用に改造された、試作機Fw190V51（A-6ベース）で試された。

　1943年後半に実用化されたMK108機関砲は、電気発火式のブローバックを採用し、圧縮空気式ベルト給弾、後方装填式のコンパクトな機関砲である。この火器は破壊力に優れていたため、産業中枢が集中するヨーロッパ北西部および南部上空を飛来する爆撃機に対する迎撃時に広く用いられ、とりわけ近接射撃においては絶大な威力を発揮して、ドイツ空軍に貢献した。これは生産時の簡易性と経済性の賜である。実際、MK108の部材の大半は打ち抜き加工部品で構成されている。

　フィーゼラー社は重爆撃編隊攻撃用のWGr.21空対空ロケットランチャーを翼下に懸架したA-6/R6の生産も受注している。同社はNo.123交換パックを使う改装のみにとどめ、作業工程をなるべく増やさない形で、1943年11月に生産を開始した。

　他に目立つ派生機としては、BMW801エンジン用のGM1パワーブースト装置を搭載したA-6/R4の存在が挙げられる。

　コクピットは厚さ30㎜の防弾ガラス製スライド式キャノピーと風防で防護されている。Fw190A-6/R7は通常の装甲に加えて、5㎜の防弾装甲がコクピットを取り巻いていた。

　また、この派生機はFuG16ZE VHF無線機を搭載し、機体下部後方には無線航空航法用のPR16ループアンテナが取り付けられている。

　以上のような交換装備があったことからわかるように、A-6はUSAAFが投入してくるB-17編隊の重厚な防御火力に立ち向かい、破壊するに足る火力を備えた、実質的に最初の生産機種となった。

Fw190A-6が配備された部隊は、Stab./JG1、Ⅰ.、Ⅱ./JG1、Stab./JG2、Ⅰ.、Ⅲ./JG2、Ⅳ./JG3、Stab./JG11、Ⅰ.、Ⅲ./JG11、10./JG11、Stab./JG26、Ⅰ.、Ⅱ./JG26、10./JG26、Stab./JG300、Ⅱ./JG300、Stab./JG301、Ⅱ.、Ⅲ./JG302、第1突撃飛行中隊、第25実験飛行隊などで、戦争中盤以降は主にB-17との戦いに投入される部隊ばかりである。

□Fw190A-7
　Fw190A-7の開発期間は比較的短く、1943年11月には完成していたが、生産が本格的に始まったのは1944年1月からだった（フォッケウルフ社が生産ラインを組み上げたのは1943年12月）。A-5との違いは機首内部のMG17 7.92㎜機関銃がMG131 13㎜機関銃と交換されたことにともない、武装格納スペースが大型化した結果、点検パネルに縦長の膨らみが設けられた点にある。また、翼内にはMG151/20E機関砲を4挺搭載し、R1、R2、R6交換装備によって兵装強化することも可能だった。同型生産数80機のうちR2タイプは約半分を占めていると考えられていて、特にコットブスのフォッケウルフ社やAGO社、フィーゼラー社で生産されたR2タイプは、連合軍の重爆撃機に対抗するための「重戦闘機」として開発された機体である。1944年3月初頭から、JG1、JG2、JG11、JG26などの各部隊が配備を受けている
　外装には、300リッターの落下式燃料タンクを懸架可能なETC501兵装ラックがあり、尾輪の配置が全面的に見直された。コクピット周辺では、レヴィ C/12D射撃照準器に代わってレヴィ 16Bが搭載され、無線装置や電気系統は簡素化された。
　MK108 30㎜機関砲とWGr.21空対空ロケットランチャーを装備したFw190A-7/R2/R6（R6"コンバットボックス駆逐機"）の配備を受けた飛行中隊は、JG2所属部隊をはじめ、ほんのわずかである。一部の機体は外翼にMK108を搭載した状態でカッセルのフィーゼラー社で組み立てられた。
　Fw190A-7の配備を受けた部隊は、Stab./JG1、Ⅰ.、Ⅱ./JG1、Stab./JG2、Ⅰ.、Ⅱ./JG2、Ⅳ./JG3、Ⅰ.～Ⅲ./JG11、10./JG11、Stab./JG26、Ⅰ.、Ⅱ./JG26、Stab./JG300、Ⅱ./JG300、Stab./JG301、第1突撃飛行中隊、第25実験飛行隊、第10戦闘飛行隊である。以上の部隊はすべてUSAAFの昼間爆撃に対峙していた。

□Fw190A-8
　Fw190A-8は、シリーズの中でもっとも数が多く影響力が大きな機種である。コットブスおよびアスガウのフォッケウルフ社、オシャースレーベンのAGO社、カッセルのフィーゼラー社、テンペルホフのヴェッサフルーク社、ヴィスマールのドルニエ社などで、1,334機が生産された。この数からも、1944年から翌年にかけてのUSAAFの重爆撃機に対する近接迎撃任務において、Fw190A-8が先頭に立っていたことがわかるだろう。
　1,700hpの14気筒星形空冷エンジンBMW801D-2を搭載し、最高速度は高度5,500mで647㎞/h、GM1パワー・ブースターを使用すれば656㎞/hまで出すことが可能だった。内蔵タンク（232リッターと292リッターのふたつ）はコクピットの下部にあり、同じ区画にこれとは別にGM1ないしMW-50混合液噴射装置用の115リッタータンクが配置してあった。航続

距離は高度7,000m時に1035kmで、300リッター落下式タンク使用時には1,470kmまで延伸できた。

　武装には恐るべきものがある。基本的構成はA-7を踏襲しているが、A-8では翼下ゴンドラにMG151を搭載できる。しかし、結果として飛行性能の低下を引き起こすため、1944年4月8日にこのサブタイプの生産は停止した。A-8/R2は、外翼の兵装がMK108 30mm機関砲に換装されたタイプで、近接戦闘時に威力を発揮した。A-8/R3は空冷式ガス圧作動のラインメタル製MK103 30mm機関砲を翼下ゴンドラに搭載していた。この機関砲の発射速度は毎分450発で、MK108ほど徹底してはいないが、MK103も打ち抜き加工部品を多用して組み立てられている。

　A-8/R7はMK108およびコクピットに5mmの防弾装甲を追加し、キャノピーのサイドパネルには30mmの防弾ガラスをはめ込んでいた。A-8/R8は強襲戦闘機で、防弾ガラスの他に、外翼にMK108機関砲を内装していた。基本的に、A-8は両翼下にWGr.21空対空ロケットランチャーを装備するようになっていた。

　無線機器はFuG16ZY VHF無線機とモラーネ・アンテナを標準装備し、1944年6月からは16mmのBSK16ガンカメラが左翼前縁、内外翼機関砲の中間に取り付けられるようになった。

　Fw190A-8の配備を受けた部隊は、
Stab./JG1、Ⅰ.,Ⅱ./JG1、Stab./JG2、Ⅰ.,Ⅲ./JG2、Ⅳ./JG3、Stab./JG4、Ⅱ./JG4、Stab./JG6、Ⅰ.,Ⅱ./JG6、Stab./JG11、Ⅰ.,Ⅲ./JG11、Ⅹ./JG11、Stab./JG26、Ⅰ.,Ⅱ./JG26、Stab./JG300、Ⅱ./JG300、Stab./JG301、Ⅰ.～Ⅲ./JG301、Ⅰ./JG302、第1突撃飛行中隊、第25実験飛行隊、第10戦闘飛行隊

■B-17　フライングフォートレス

□B-17E

　USAAFの第8航空軍がドイツに爆撃戦争を仕掛けた際に、最初に使用した機体がボーイングB-17Eである。この荘厳、美麗な四発重爆撃機の試作機が最初に完成したのは1941年9月のことで、イギリスに到着したのは1942年7月だった。原型機であるモデル299よりも重量で7トン、速度は

Ⅰ./JG1の飛行中隊長アルフレート・グリスラフスキ大尉が、乗機Fw190A-7 機体番号430965「白の9」の主翼上に立っている場面。1944年1月、ドルトムントにて撮影。この機体は夜間作戦にも対応できるように改良を受けていて、13mm胴体機関銃にはフラッシュサプレッサーが装着されている。防弾ガラス製の風防を装着し、第1戦闘航空団を示す赤い帯が描かれている。また、カウリングの下部パネルは黄色で塗られていたと見られる。この機体は1944年2月22日、USAAFの重爆編隊と交戦中に失われたが、この時のパイロットは、Ⅱ./JG1所属の兵卒アルフレート・マルティーニだった。

訳註6：天才銃器開発者ブローニングが設計し、コルト社が生産したM1921重機関銃をベースに、威力と信頼性を向上させたのがブローニングM2重機関銃である。.50口径（12.7mm）のM2機関銃は、軽量のわりに強力で信頼性が高く、陸海空を問わず、アメリカ軍で広く使用された。航空機の主力機関銃にもなり、「オールド・フィフティ」「ビッグ・フィフティ」など、様々な名称で親しまれた。その優れた性能は色褪せることなく、今日でも世界中の軍隊で重宝されている。

XI.（Strum）/JG3所属のヴェルナー・ゲルス中尉はFw190A-8/R2「黒の13」に搭乗していた。1944年夏の間に側面装甲を追加している。1923年5月にプフォルツハイムに生まれたゲルス中尉は、1943年夏の時点ではVII./JG53で戦い、1944年1月に第1強襲飛行中隊に志願した。そして、中隊でも傑出したパイロットとなっている。1944年4月20日にはXI./JG3の飛行中隊長に任命され、27機撃墜の戦功によって同年10月には騎士十字章を授与された。XIV./JG3の飛行中隊長となったゲルス中尉は、1944年11月2日に戦死が確認された。敵爆撃機に体当たりした後、彼はコクピットからの脱出を試みたが、パラシュートが開かなかったのである。戦死するまでに、彼は27機の撃墜記録を残し、そのうち16機がB-17だったと見なされている。

40％も上昇したことから推測できるように、先行のC型、D型に比べても大幅に改良、進化した設計となっていて、爆撃時の安定性を改善するために、機体尾部から後部にかけての空力設計には抜本的な変更が加えられていた。特に胴体の中央部から緩やかにヒレ状の部分を追加した大型の尾翼は、顕著な変更点である。

機体は全金属製のセミ・モノコック構造で、リベット止めされたアルクラド合金製の外板を使用し、内部は隔壁によって4つの区画に分けられている。最前部から爆撃手／航法手およびパイロット区画となり、中央には爆弾倉区画、その後方は胴体後部区画、最後尾が尾部区画となっている。機体内部は高さは最大約262cm、幅は約229cmとなっている。

B-17Eの主翼もセミ・モノコック構造になっていて、全幅は31.63m（翼面積は131.9平方メートル）、全長22.35mである。出力1,200hpのライト製R-1820-65サイクロンエンジンを4基搭載し、最高速度は高度7,500mで520km/hと、B-17C/Dを凌いでいた。燃料タンクは機内3箇所と、翼内9箇所にあって、燃料の総積載量は2,780米ガロンである。後続範囲は3,200km。空虚重量は15.442トンだった。

機体の最後尾の機尾銃座は大型化されていて、機体後方から迫る敵戦闘機の襲撃に備えてブローニングM2 12.7mm連装機関銃 [訳註6] が据えられていた。この機銃は着座した機銃手に手動操作される。これに加えて、コクピットの直後の機体上部には、全周射界を持つスペリー球状動力銃塔が、また、爆弾倉のすぐ後には、腹ばいになってペリスコープを覗く機銃手が操作する、遠隔操作式ベンディックス動力銃座が設置されていた。銃塔の兵装はそれぞれブローニングM2 12.7mm連装機関銃である。機体全体では、8挺の12.7mm機関銃の他、機首には7.62mm機関銃1挺を搭載し、まさに「空の要塞」と呼ぶにふさわしい防御力をB-17に与えていた。

一方で、大きな不具合もふたつほど認められている。ひとつはベンディックス動力銃座の性能が満足いくものではなかったことで、もうひとつは

銃座の空気抵抗と、大型化した尾翼とその延長部の重量や空気抵抗などの影響で、最大速度が約10km/hほど低下していたことである。

　B-17Eは米軍待望の爆撃機であったが、1940年夏に512機のE型を受注していたボーイング社では、1942年1月の段階でも、シアトル工場では日産2～3機しか製造が進んでいなかった。さらに書類上ではUSAAFは14個の爆撃航空群を編成していたが、B-17の配備が定数に達していたのは3個でしかない。ダグラス社やロッキード-ベガ社との生産合意も、この時点での生産ペース向上にはあまり寄与しないように思われた。

　B-17EがUSAAFの遂行する作戦に最初に投入されたのは、真珠湾奇襲直後、フィリピンに侵攻してきた日本軍に対するもので、同じく、ビルマを通過してインドに侵攻する構えを見せる日本軍を攻撃するためにも出撃した。1942年初頭には、オーストラリア北部を拠点に大西洋南西部を哨戒飛行するB-17が、日本船舶の脅威となっている。

　しかしながら、実戦から多くを学んだ日本の戦闘機パイロットは、B-17Eに対しては真正面からの攻撃、すなわち対進攻撃をした場合に最も防御火力が弱くなることを見抜き、同じ理由で、B-17のクルーたちは、機体下部銃塔が実用的でないことに気付いていた。これを受けて、機首の7.62mm機関銃12.7mm機銃1挺ないし2挺と交換されただけでなく、機体重量を節約するために下部銃塔を撤去するクルーもあらわれた。しかし、この時期の爆撃作戦は、来るべきヨーロッパでの任務における「戦略爆撃」には該当しない規模だった。

　爆弾積載量から、B-17は中型爆撃機と見なされている。これは航続距離と耐久性重視の設計を優先した代わりに、爆弾積載量を抑制したためで、B-17が1.81トンほどの爆弾積載量であるのに対して、ほぼ同じ機体サイズのイギリス軍爆撃機アヴロ・ランカスターは6.34トンの爆弾を積むことができた。爆弾倉の投下ハッチの大きさも、B-17の3.3mに対して、アヴロ・ランカスターのそれは10mもある。

　第97爆撃航空群（97BG）の装備として、49機のB-17Eがイギリスに送られた。これらの機体は、アメリカを飛び立つ前に機体の側方銃座の窓を拡大していたが、大西洋の対岸に到着すると、無線装置の改良を含む近代化改修が施された。この時には、酸素吸引装置、爆弾倉、照明、消火装置、救命筏などの欠陥も見つけ出されている。

　B-17Eが前線にいた期間は短く、B-17Fの登場にあわせて、順次、前線任務を解かれている。B-17Fと共同作戦を行なうには、両機種の性能差が大きすぎたためである。作戦任務に従事した一部の機体を除いては、B-17Eの大半は訓練機となり、1943年に入るや、次々にボーヴィントンの爆撃機クルー補充センターに送られた。そして同年夏までには、大半のB-17Eは訓練、連絡、緊急移送や輸送機、標的曳航機として用いられるようになる。結果として、雑用に投入された機種となったものの、B-17Eは以降の機種の完成度を高める上で貴重な叩き台になったといえるだろう。

□B-17F

　太平洋戦線およびRAFや第8航空軍での初期の作戦投入経験を踏まえ（RAFではB-17D/Eを使用していたが、前者をフォートレスⅠ、後者をⅡAとして区別している）、USAAFが手にした本格的な重爆撃機がB-17Fであ

訳註7：1941年3月、武器貸与法（レンドリース法）が可決すると、直ちに20機のB-17C（フォートレスⅠ）がイギリスに送られたが、2ヶ月間の戦闘で8機が失われ、戦果もほとんどなかった。運用を誤ったRAFの責任もあるが、この結果からRAFはB-17の性能に不信感を抱き、後に供与されたE/G型（フォートレスⅡA）は沿岸航空隊で海上哨戒爆撃機として使用された。

る [訳註7]。この機種はB-17Eと大きく変わるところはない。実際、外見上の変更点と言えば、機首先端の風防をフレーム無しのワンピース形状に改めたくらいである。しかし、内部のマイナーチェンジは400箇所にもおよんでいるのだ！　新たに導入したハミルトン社製の「櫂型」プロペラとの接触を避けるために、カウリング形状に見直しが入った、1,200hpのライト製R-120-97星形エンジンや、酸素吸引装置の改良（供給不足や凍結による動作不良に悩まされていた）、降着装置、ブレーキなど改良箇所は多岐にわたる。爆弾倉の改良や球状銃塔の位置変更もこれに含まれる（これまで球状砲塔は氷結やオイル噴出の影響をもっとも受けやすい場所に設置されていた）。また、パイロットと爆弾照準器の自動連結装置も導入された。

　B-17Fが最初にボーイング社のシアトル工場から出荷されたのは、1942年5月で、ロングビーチにあるダグラス社や、ロッキード-ベガ社での生産は夏から始まっている。1943年8月までには、これら3箇所での月間平均生産数は400機に達していた。

　兵装に目を転じると、まず太平洋戦線での経験から、機首の両サイドにプレキシグラス製の観察窓を新たに設置して、各々にブローニングM2 12.7㎜機関銃を設置し、爆撃手と航法手がそれぞれ機銃手を兼任した。この機関銃の追加によって（就役中の爆撃機の中ではもっとも重武装となった）B-17Fは12〜13挺の機関銃を搭載したことになる。しかし、すべての機体がこのような改修を受けたわけではなく、1943年初期の時点では、急場しのぎのために反動を吸収するマウントと一緒に12.7㎜機関銃を機首に取り付けるクルーも見られた。

□B-17G

　B-17Gは、1943年9月にUSAAFに試作機が提出された、B-17シリーズの最終機種である。翌月から順次、第8航空軍への引渡しがはじまり、初期の機体はB-17Fとともに第2次シュヴァインフルト空襲に参加している。B-17Gは実質的にはB-17Fを踏襲した機体であり、見た目から分かる変更点は、機首下部にブローニングM2 12.7㎜機関銃2挺を装着したベンディ

USAAFの機銃手が、B-17搭載のスペリー球状動力銃塔から脱出する方法をデモンストレーションしている様子。閉所恐怖症の人間には耐えられそうにない。この銃塔には、必然的に小柄な兵士が配属された。銃塔は筒状の枠の中に、稼働筐体を収め、これを胴体内の支持架が2本のアームを介してつり下げる仕組みになっていた。M2機関銃の銃身クリアランスが確保できないため、駐機中は球状銃塔に機体内から乗り込むことはできなかった。銃身を真下に向けた状態でないと、機内から銃塔のハッチを開けられなかったのである。銃塔内に入った機銃手は、あたかも胎児に戻ったかのように、膝とつま先を頭の高さにまで上げて身体を丸め、狭いサイズに姿勢を合わせなければならない。弾薬は銃塔内に保管されていた。

B-17G 搭載火器の射界

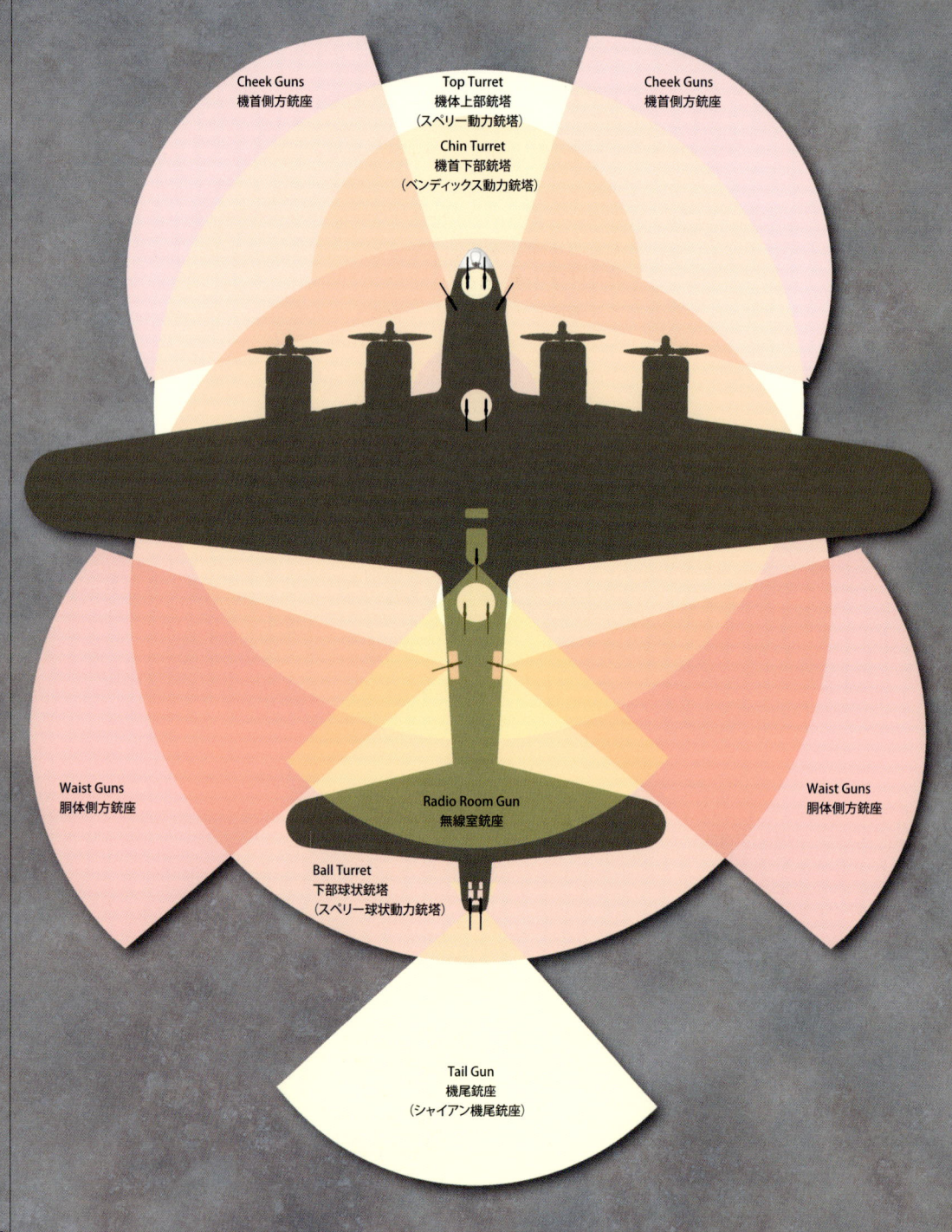

Cheek Guns
機首側方銃座

Top Turret
機体上部銃塔
（スペリー動力銃塔）

Chin Turret
機首下部銃塔
（ベンディックス動力銃塔）

Cheek Guns
機首側方銃座

Waist Guns
胴体側方銃座

Radio Room Gun
無線室銃座

Waist Guns
胴体側方銃座

Ball Turret
下部球状銃塔
（スペリー球状動力銃塔）

Tail Gun
機尾銃座
（シャイアン機尾銃座）

技術的特徴

ックス動力銃塔（通称「チン・ターレット」）を据えつけたことで、これは敵迎撃機による対進攻撃に備えてのものだった。

　B-17Fの最終生産ロットにおいて導入を試みた時点では、機首下部銃塔は爆撃手による遠隔操作式だったが、取り付け位置にもともとあった流線型フェアリング収納式のD/Fループ・アンテナを撤去しなければならなかった。結局、ループ・アンテナは爆弾倉のすぐ後ろ、機体の中心線より左にオフセットした場所に移し替えられた。

　機体上部のスペリー動力銃塔は視認性と操作性が向上したベンディックス動力銃塔に改められた。初期の機尾銃座は機体の最後尾に設置してあり、トンネルをくぐって潜り込むような構造になっていたが、新たに設置されたシャイアン機尾銃座は、窓が大きくなり視認性が向上したのに加え、良好な射界と照準器を備えていた。シャイアンという名称は、設計を担当したユナイテッド・エアライン改修センターがあるワイオミング州の地名に由来している。以前の機尾銃座が30度の射角しか持たず、原始的なリング構造や、銃座から飛び出したような小さな観察窓に頼っていた形状から大きく改善されていた。機関銃の位置は機銃手に近づけられて遠隔操作の違和感を解消し、マウント部は半球状のカバーで守られていた。

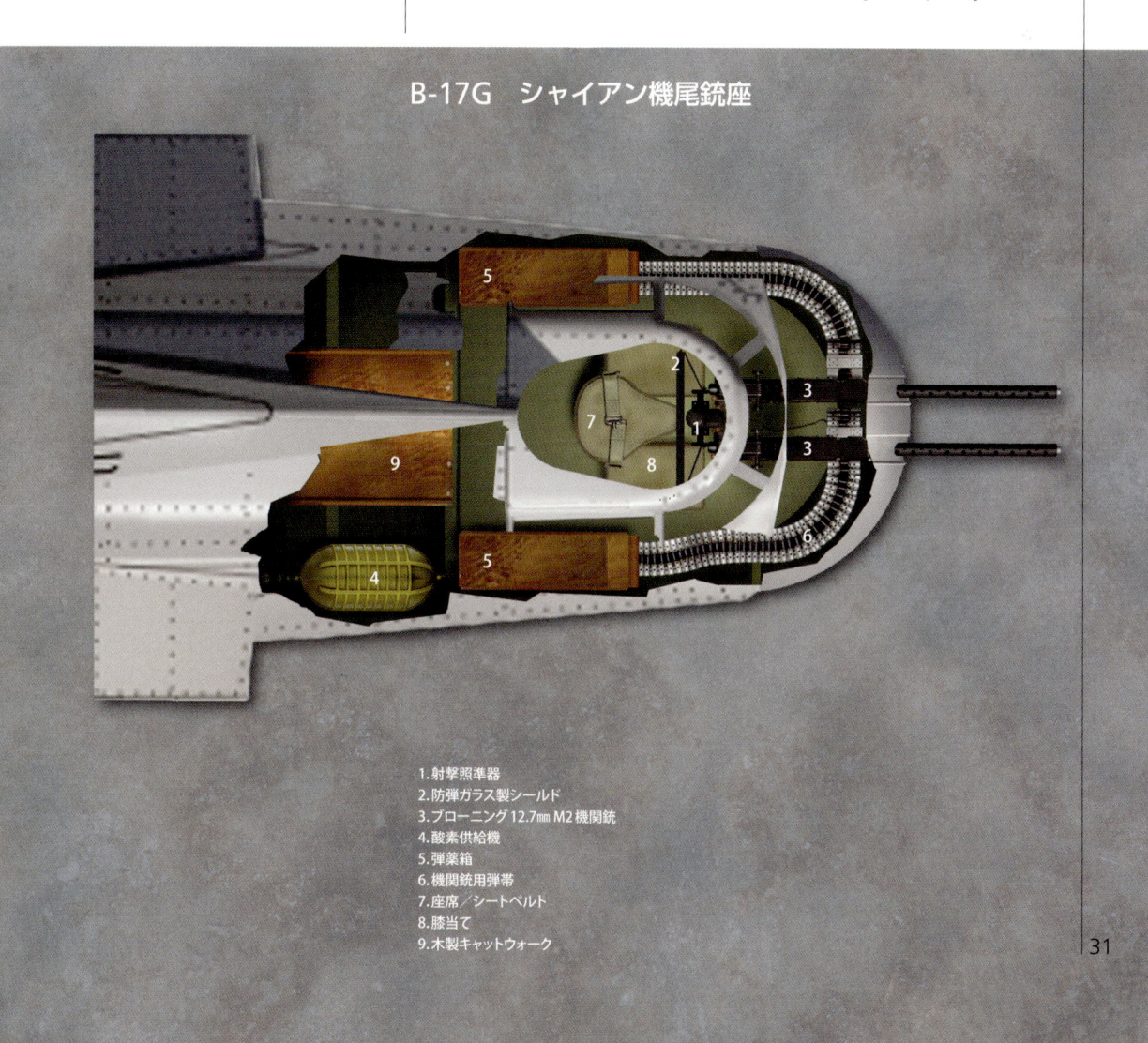

B-17G　シャイアン機尾銃座

1. 射撃照準器
2. 防弾ガラス製シールド
3. ブローニング 12.7㎜ M2 機関銃
4. 酸素供給機
5. 弾薬箱
6. 機関銃用弾帯
7. 座席／シートベルト
8. 膝当て
9. 木製キャットウォーク

通常のB-17Gは、機首下部、機体上部、機体下部ボール型銃塔、機尾、機首側方、機体側面など各所合計13挺のブローニングM2 12.7㎜機関銃を搭載している。

　B-17Gを認めた航空雑誌"Flight"のジャーナリストは、「フライングフォートレスは9年の開発期間を経て、ついに素晴らしい軍用機の領域に到達した。堅牢な機体がクルーに愛されるのはもちろん、我々が用意した刑罰（爆弾のこと）を運搬し、投下するにもうってつけなのだ」と評している。

左：特徴的なB-17のプレクシグラス製ワンピース・タイプの風防。その下に見えるベンディックス動力銃塔は爆撃手の座席直下にあり、横方向への旋回用ピボットが据えられている。遠隔操作用機器とブローニングM2 12.7㎜連装機関銃はチューブ状のブランケットに収められている。銃塔部は右舷側に開くようになっていて、作戦時は素早くに中央のポジションに戻せるようになっている。両手用グリップ──デッドマンズハンドル（訳註：手を離すと自動的に電源が切れる操作ハンドル）として知られる──はコンパクトに設置されていて、押し下げられると、自動的に銃塔に電力が供給される仕組みになっている。ハンドグリップの動きは銃塔と機銃に連動していて、この動きは同時に風防内の照準器にも反映される。

右：機体尾部の毒針。シャイアン機尾銃座によってB-17Gの機銃手は優れた全周視界および射界を得られたので、ドイツ軍機による後方からの攻撃にも効果的に対処できた。ドイツ空軍が強襲飛行隊を編成して、密集隊形を採用するようになると、後方からの攻撃が増加している。

対決前夜
The Strategic Situation

　連合軍が執拗に繰り返した戦略爆撃によって、ドイツは継戦能力を喪失したと信じられている。ほぼ3年ものあいだ、連合軍は昼夜を通してドイツの都市と工業地帯を粉砕し、輸送システムを麻痺状態に追い込み、住民に恐怖を与えて殺戮し、縮み行く一方の帝国領土にしがみつく敵軍を、最終的に撃破したのである。祖国の空を守護する責務を負うドイツ空軍は、連合軍の爆撃を防ぎきれなかった。深刻な消耗戦に引きずり込まれたことで、物資、兵員の両面で供給不足が深刻となり、ついに補充、再建がかなわなかったのである。

　アイラ・C・エーカー准将が率いる第8航空軍第VIII爆撃兵団が実施した、1942年8月から同年末の時期にかけての初期作戦において、爆撃兵団はイングランド東部を出撃基地として、北フランスや低地諸国の港湾、工場、飛行場、鉄道に対し30回の昼間爆撃を実施したわけだが、これは惨憺たる結果に終わった。たいていの任務で、爆撃機群はRAFの護衛戦闘機を期待できた。1942年後半を通じて第VIII爆撃兵団は順調に戦力を増強し、B-17F装備を4個、B-24D装備を2個、合計6個の爆撃航空群を保有していた。1943年1月20日、エイカー准将は「一昼夜にわたる爆撃を続けることで、ドイツ軍に休息の時間を与えない」という作戦意図に関する報告を、ウィンストン・チャーチル首相にあてに作成している。

　これこそチャーチルがもっとも望んでいた言葉であり、直後のカサブランカ会議では、「訓練を受けたクルーが搭乗する重爆撃機300機があれば、4％未満の損害と引き替えに、ドイツ国内のいかなる目標であれ爆撃可能であると、エイカー准将は確信している。機数が少なければ、当然、効果は薄くなる。あらゆる問題や当面の戦力不足にもかかわらず、B-17およびB-24によるドイツへの昼間爆撃は実現の可能性が最も高い有効手段であり、かつ経済的であると、准将は断言している」と、チャーチル首相は空軍関係者に語っている。

　会議から1ヶ月後の4月17日、第8航空軍は空爆に赴く爆撃機によるまったく新しい防御フォーメイションを披露した。これこそが6個のコンバットボックスによって構成された2つの「コンバットウィング」、107機のB-17が組む大編隊であり、かつてない大規模な爆撃機群は、この日、ブレーメンにあるフォッケウルフ社の工場爆撃に飛び立ったのである。この時の任務は、頑強な防御に直面した。重爆撃機が爆撃態勢に入った直後に、Ⅰ./JG1およびⅡ./JG1のFw190が殺到して、一時間にわたる殺戮を開始したからだ。事前の計画通りに実施された対進攻撃を披露したJG1の戦闘機部隊は、1個爆撃中隊に相当する15機の撃墜スコアを記録したのである。これは一度の爆撃任務において発生した損害としては、これまでで最悪のものだった。一方、アメリカ側では敵戦闘機を63機撃墜のほか、未確認

撃墜15機を主張している。しかし、実際に失われたドイツ軍機は1機だけだった。

　大損害を被りはしたものの、爆撃機群にはドイツ軍防衛線を突破して目標上空に到達する力があることをエイカーは確信した。しかし、今後の成功の可否は、爆撃部隊の拡充にかかっていた。彼は7月に944機を要求したのを皮切りに、10月までには1,192機、1944年1月には1,746機、そして4月には2,702機のB-17を要求している。しかし短期的には、1943年5月の時点で1,943機が到着し、第Ⅷ爆撃兵団は6個爆撃航空群を擁するまで強化されている。エイカーはこの日を「偉大な日」と書き残している。

　5月4日には、アントワープ爆撃に向かった65機のB-17編隊に、はじめてP-47サンダーボルトが護衛に付いた。しかし、ドイツ本土への爆撃行程すべてに護衛が可能となるまでには、適切な落下式燃料タンクの開発が必要だった。それまでの間は、P-47の戦術的航続距離（約400km）が護衛の限度であり、低地諸国およびライン川流域までしかカバーすることができなかった。こうした理由から、B-17は独力で、厳しさを増すドイツ軍の防空網に飛び込んでいかなければならなかったのである。

　このような客観的情勢のなか、カサブランカ会議では一昼夜爆撃が提案されてはいるが、具体的な目標設定などには及んでいない。爆撃によってドイツの背骨をへし折ることが長い道のりになるという事実に、上層部から末端のクルーまでが気付きはじめていた。

　1943年夏に戦闘機部隊の再編成を実施したことで、ドイツ空軍は「縦深防御」を実施に移せる余力を手にしていた。具体的には、防御地域を北西ヨーロッパ全域まで拡張し、同時に有力な迎撃戦力をドイツ本国に残すことで、侵攻中の敵編隊から護衛戦闘機を引きはがし、爆撃機だけになっ

1943年2月27日、ブレストのUボート基地爆撃を終えた、第1爆撃航空団、359BS/303BG所属のB-17F、機体番号42-5243「FDR's ポテトピーラーキッズ」が、フランスの海岸線上空を後にするところ。

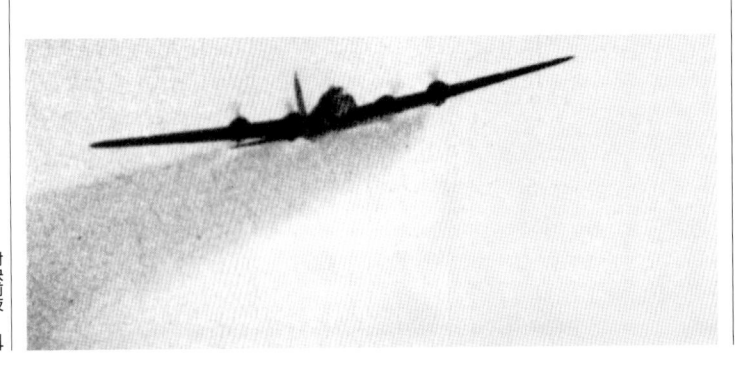

1943年、煙を曳いているB-17Fをドイツ軍機が追跡している場面。

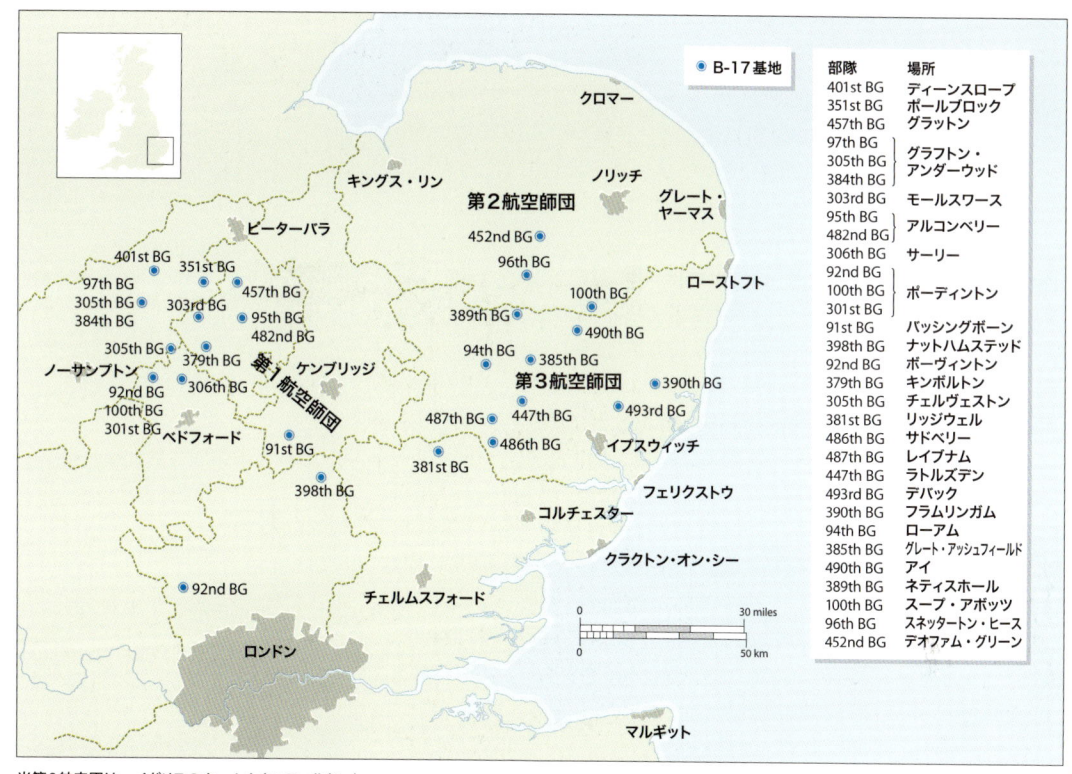

部隊	場所
401st BG	ディーンスロープ
351st BG	ポールブロック
457th BG	グラットン
97th BG	グラフトン・アンダーウッド
305th BG	
384th BG	
303rd BG	モールスワース
95th BG	アルコンベリー
482nd BG	
306th BG	サーリー
92nd BG	ポーディントン
100th BG	
301st BG	
91st BG	バッシングボーン
398th BG	ナットハムステッド
92nd BG	ボーヴィントン
379th BG	キンボルトン
305th BG	チェルヴェストン
381st BG	リッジウェル
486th BG	サドベリー
487th BG	レイヴナム
447th BG	ラトルズデン
493rd BG	デバック
390th BG	フラムリンガム
94th BG	ローアム
385th BG	グレート・アッシュフィールド
490th BG	アイ
389th BG	ネティスホール
100th BG	スープ・アボッツ
96th BG	スネターントン・ヒース
452nd BG	デオファム・グリーン

米第8航空軍は、イギリスのホームカウンティ北部諸州とイースト・アングリカの30ヵ所近くにB-17の拠点となる爆撃航空群基地を設置し、3個航空師団が戦術調整および補給を管理した。第8航空軍はB-17装備の爆撃航空群を30個以上保有する他、B-24や戦闘機航空群をはじめ、各種支援中隊、支援群を傘下に置いていた。

たところに本国の迎撃戦闘機を叩き付けようと考えたのである。1943年になってから最初の7ヵ月間に、戦闘機生産数が増加し続けていたことも、このような作戦方針の実施を後押ししている。

7月1日までには、ドイツ空軍では本国から北西ヨーロッパにかけての防空任務に約800機の単発戦闘機を投入できる態勢が整っていた。しかし、連合軍航空部隊との際限ない消耗戦に突入した結果、作戦稼働機数は減少の一途をたどっていたのである。1943年7月には、（すべての戦線で）ドイツ空軍の戦闘機の損害は31.2％、単発戦闘機のパイロットは（すべての前線で理由を問わず）330名──16％が失われ、この数字は、前の月に比べて84人も多くなっていた。特に経験豊富な部隊指揮官レベルの損害が増加傾向を示しているのは不気味な兆候だった。

同じ月は、USAAFの戦闘機部隊にとって転機となった。第4戦闘機航空群のP-47が落下式燃料タンクを使用することで、はじめてドイツ上空での護衛が可能になったからである。

1943年8月17日は北ヨーロッパ上空の戦いにおけるアメリカ軍にとっての記念日、つまり第Ⅷ爆撃兵団によるシュヴァインフルトのボールベアリング工場爆撃が実施された日であったが、結果は撃墜60機、損傷を受けた機体は168機にも達するという、惨憺たる敗北に終わった。ドイツ側に与えた損害と言えば、生産が1～2週間滞った程度であり、600名もの爆撃機クルーの犠牲とはとうてい釣り合わなかった。

防空戦闘に参加した戦闘航空団が合計で42機を喪失し、パイロット17名が戦死、14名が負傷したとはいえ、ドイツ空軍の戦闘機部隊にとっては栄光に充ちた防空戦である。この日の犠牲者には、II./JG26の指揮官で、

（爆撃機8機を含む）55機撃墜のヴィルヘルム＝フェルディナント・"ヴュッツ"・ガランド少佐――アドルフ・ガランドの弟――が含まれている。

シュヴァインフルト防空戦は、ドイツ空軍に重大な戦術的教訓を与えた。9月3日には、アドルフ・ガランドは本土防空に携わるすべての戦闘飛行中隊に対して、新たな戦術の採用を訓示した。この新戦術でもっとも優れている点は、敵爆撃機群の1つに対して「全戦闘機部隊の集団」による「連続的」な迎撃をしかけるところにある。

9月6日、第Ⅷ爆撃兵団の重爆撃機（ヘヴィーズ）がヨーロッパの空に帰ってきた。目標はシュトゥツガルトの航空機組み立て工場で、338機ものB-17が爆撃に投入されている。ところが作戦開始時から厚い雲に阻まれて、多くのB-17が目標を見失い、233機が帰途時の代替目標爆撃に切り替えざるを得なかった。この爆撃に対して迎撃に出た飛行隊のひとつが、Bf109G-6を25機装備した、ヴァルター・ダール大尉率いるⅢ./JG3である。一部、ロケットランチャーを装備していたメッサーシュミット部隊がシュトゥツガルトを目指して南に針路を変えると、やがてB-17の姿を確認したため、攻撃態勢に入った。30分のうちに飛行隊はB-17を4機撃墜し、8機を脱落させている。このうち1機はダールの戦果である。編隊が崩壊してちりぢりになった結果、45機のB-17が撃墜されたが、これは作戦参加機の16％にもなり、戦果との交換比率では話にならないレベルの大損害である。行方不明となった爆撃機クルーの数は300名を超える。

1943年10月は、ドイツ上空での昼間爆撃戦闘がピークに達した時期であったが、この時の経験を通じ、護衛戦闘機を伴わないドイツ深奥部への爆撃行では、爆撃機の編隊だけによる充分な防御は不可能だという事実を、アメリカ軍は認めざるを得なかった。それでも、この任務によって発生した損害は、甘受できないレベルに達していた一方で、ドイツ空軍を空戦に引きずり出すことによって、彼らに回復不可能な消耗を強いていたことは事実である。

10月14日には229機のB-17がシュヴァインフルトを再び空襲し、前回と同様、大きな犠牲を強いられることになる。出撃時の霧のため、ふたつの護衛戦闘航空群しか主力に帯同できなかった。ところが後に天候が回復すると、ドイツ空軍では5個航空師団から、すべての出撃可能な戦闘機部隊――双発駆逐機や訓練学校の機体、夜間戦闘機など567機――が出撃した。アメリカ軍の第1航空師団は目標空域に到達するまでに、すでに36機の僚機を喪失している。この中には、半数以上の所属機を喪失した爆撃航空群まである。そして、爆撃部隊の損害は任務終了までに45機に達した。あるコンバットウィングでは37機のうち21機を撃墜されている。ドイツ空軍側は31機が撃墜され、12機が破損除籍、34機が損害を受けている。これは西部戦線に割り当てられた戦闘機総数の3.4～4％に相当する。この結果に対して、あるドイツ空軍高官は、「1943年10月14日、ドイツ空軍の防空部隊は特筆すべき戦果を挙げている」と記録している。

アメリカ軍全体を見ると、第Ⅷ爆撃兵団は第2次シュヴァインフルト空襲によって49機のB-17と600名近いクルーを失っている。さらに17機は重大な損害を被り、修理可能な損傷を受けた機体だけならば121機にも達している。これは痛烈な一撃となった。惨憺たる損害にもかかわらず、ドイツ空軍の迎撃に対して、エイカーは「死にかけの怪物による最後の華々し

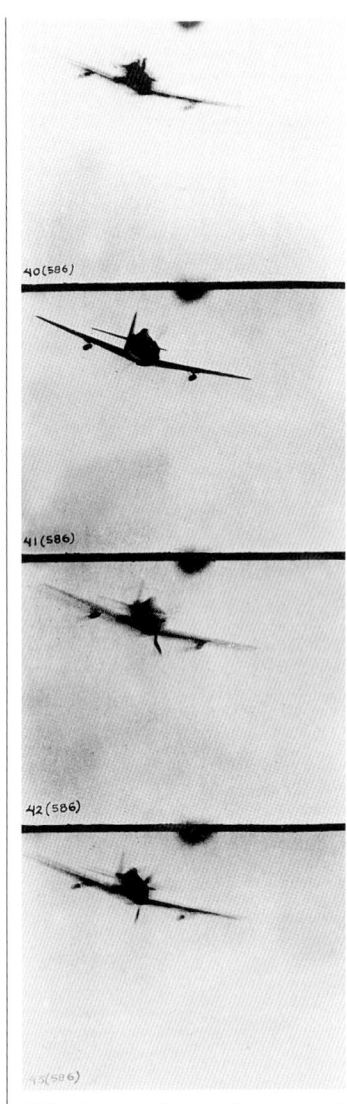

1943年7月28日、カッセルおよびオシャースレーベン空襲の際に、USAAFの爆撃機が撮影した連続写真。接近戦で攻撃態勢に入るFw190をとらえている。翼下にWGr.21ロケットランチャーを懸架しているのがわかる。ロケットはすでに発射済みと思われ、パイロットは銃撃で挑むつもりだろう。

1943年10月9日、マリエンブルクのフォッケウルフ工場を爆撃後、帰投する94BGのB-17編隊。この空襲で、B-17ははじめて100ポンドガソリン焼夷弾を使用した。当時、マリエンブルク工場はFw190全生産数の半分を請け負っていた。B-17爆撃機群は高度3,300～3,900mで爆弾を投下し、約60％が爆撃予定地点から300m以内に、83％が600m以内に命中した。アイラ・エイカー准将は、この成果を「精密爆撃の古典的成功例となるだろう」と評した。

い抵抗」と、強気の評価をしている。しかし、この結果に納得できなかったアーノルド大将は「追い詰められた狼の恐るべき抵抗」であると評価して、楽観論に釘を刺した。

　実際のところ、シュヴァインフルトでの損害によって、アメリカ軍はドイツ深奥部を目標とした長駆侵攻爆撃の停止を強いられ、充分な数の長距離護衛機が確保できるようになるまでの間、当面は現状の護衛機の航続距離内での爆撃作戦に限定されることになった。ここまでの状況は、決してドイツ空軍がヨーロッパ上空の制空権を巡る戦いに勝利したというわけではないが、USAAFの勝利を阻む結果にはなっている。それでも、ドイツ軍側に立ってみると、シュヴァインフルトは生産力の67％を破壊され、ボールベアリング工場は消滅した。当然、後にはこの影響で兵站に支障をきたしている。

　1943年11月8日には、ゲーリング国家元帥の要望により、突撃飛行中隊（シュトゥルムシュタッフェル）を編成して、損害を度外視してでも連合軍の爆撃部隊に痛打を与えるべき事が、ガランドから各部隊に通達された。これを受けて、志願兵が募られている。一方、アメリカ軍では1944年1月1日に、アーノルド大将が部下に送ったニューイヤーカードの中に、「空中で、地上で、そして工場で──見敵必戦の心構えで敵機を撃破せよ」との簡潔なメッセージを添えていた。

　1月になると、ドイツ空軍は単発戦闘機の30.3％、パイロット16.9％という恐るべき損害を被ってしまう。さらに1943年1月には31％を維持していた空軍全体に占めるBf109とFw190の保有割合が、1944年1月には27％にまで低下している。

　南方面では、USAAFの第15航空軍所属の爆撃機部隊がオーストリアやドイツ南部をうかがいはじめたことも、ドイツにとって新たな脅威となった。さらに2月に入ると、第8航空軍が戦闘機生産施設に対する集中爆撃作戦「アーギュメント作戦」を発動した [訳註8]。この攻勢にはふたつの目的──ドイツ空軍機の地上破壊（これに伴う生産力の消耗）と、ドイツ空軍機への迎撃の強要──があった。この作戦に投入すべく、最終的には16個のコンバットウィングを編成、1,000機あまりの作戦機が集められた。

訳註8：1944年2月20〜25日にかけて実施されたアーギュメント作戦で、連合軍は第8航空軍から延べ3,000機以上、イタリアの第15航空群からは延べ500機以上の爆撃機を投入して、ドイツの航空機製造拠点に1万トン以上の爆弾を投下した。ドイツ空軍の迎撃を誘い出すのが作戦の重要な狙いであり、この作戦期間は「ビッグウィーク」とも呼ばれている。

我、攻撃を受けつつあり！ 1943年11月、ブレーメン上空、Fw190がB-17編隊にまさに対進攻撃を仕掛けようとする場面をとらえたB-17からの写真。

そして第8航空軍と第9航空軍の利用可能な戦闘機は、すべて護衛機として投入されている。まさにアメリカ史上最大の戦略爆撃任務部隊が編成されたのである。

この間に、ドイツ空軍の第I、第II戦闘兵団は750機の作戦機を集中していた。しかし、パイロットの大半は訓練と経験が不充分であるため、額面通りの戦闘力を発揮できるかどうか、かなり懐疑的にならざるを得ない。

3月になると、ドイツ軍の戦争遂行の「中心地」——ベルリンを目標とした爆撃も成功するだろうとの自信が、アメリカ軍に高まってきた。最初のベルリン爆撃は3月4日に行なわれ、770機の護衛戦闘機に先導された500機のB-17とB-24混成部隊が投入された。この時の狙いは工場群の破壊だけでなく、市民の志気をくじくと同時に、敵の戦闘機部隊に防空戦闘を強

1944年3月6日早朝、ポールブルック基地のブリーフィングルームにて。本日の攻撃目標がベルリンであることを知らされ、一様に信じられないといった表情を浮かべる第8航空軍の爆撃機クルー。この日、昼間爆撃攻撃は新たな段階に突入した。

防衛線の構築。ドイツ空軍は、ドイツ中央部にあたかも壁を構築するように強襲戦闘機の基地を配置した。基地はそれぞれ敵の主要爆撃目標となりうる工場の近くや、イギリスを出撃した爆撃機群の侵攻経路にあたる場所に設置されている。これらの基地から飛び立った強襲戦闘機隊は、敵爆撃機群に対抗するために、密集戦闘隊形を組んで待ちかまえた。

いて、その航空戦力をすりつぶすことにある。切り札はP-51Bマスタング戦闘機。翼内に108ガロン（約400リッター）の燃料タンクを備えた、この新型戦闘機ならば、ドイツの首都爆撃を全行程で護衛することが可能だったのだ。

　3月6日には2回目のベルリン爆撃が実施されて、ドイツ空軍は87機が撃墜ないし破壊され、36名のパイロットが戦死、27名が負傷した。この時の戦死者の中には、92機撃墜記録を持つ騎士十字章受賞者、III./JG54所属のゲルハルト・ロース中尉や、7./JG11の飛行中隊長フーゴ・フレイ少尉も含まれている。彼はこの日、戦死するまでの間にオランダ上空で4機の爆撃機を撃墜したと報告している。フレイ少尉の生涯撃墜数は32機で、そのうち26機が四発爆撃機だった。

　アメリカ軍側では、53機のB-17が帰還できず、293機が何らかの損傷を受けて、5機が廃棄処分となっている。17名のクルーが戦死し、31名が負傷、行方不明者は686名を数えた。これは第VIII爆撃兵団における最悪の損害記録である。両軍とも負傷兵は勘定せずに損害記録を洗い出した。そして、作戦目標がこれほどの損失に見合うものであるかどうか、再検討をしている。しかし、ベルリンが決して爆撃から安全ではなくなった事実に直面したドイツの精神的打撃は非常に大きい。この時から、本土防衛のために劣勢な戦闘機戦力で防空戦闘に赴かねばならないパイロットが受けるプレッシャーは、増加する一方となった。

　ドイツ空軍の歴史にとって、1944年1月～3月という時期は、残酷な現実に直面する毎日の連続だったに違いない。パイロットの損失は回復不能な水準に達しつつあり、また、戦死者リストに刻まれる名は、戦時促成のまま前線に放り込まれた未熟なパイロットばかりではなくなってきた。経

ドイツ戦闘機隊の強敵。ドイツ国内の攻撃目標に対する長距離侵攻爆撃の間、B-17のコンバットボックスを護衛するP-51Bマスタング戦闘機。

験豊富なパイロットや、かけがえのない部隊指揮官が次々に失われていくジレンマに、ドイツ空軍は直面していたのである。

4月を通じて、爆撃機群の目標は航空機生産施設に集中し、第8航空軍の護衛機と第9航空軍の戦闘機部隊は、ドイツ空軍の飛行場を攻撃目標に切り替えた。もはやドイツ上空に安全な空は存在していなかった。

1944年3月6日、ベルリンを目指して高射砲火の中を突き進む303BGのB-17編隊。フライングフォートレスは敵迎撃機戦闘機に遭遇し、多くの損害を出した。最終的には53機が未帰還機となり、293機が損害を受けた。帰還後に廃棄された機体も5機を数えている。

パイロット／搭乗員
The Combatants

訳註9：マンフレート・フォン・リヒトホーフェンは、第一次世界大戦時のドイツのエースパイロットで、80機の最高撃墜スコアを誇る。赤く塗装された乗機と男爵家の出自から"Red Baron（レッド・バロン）"と呼ばれたほか、ドイツ本国では"Der rote Kampfflieger（赤い戦闘機乗り）"、フランスでは"Diable Rouge（赤い悪魔）"など、様々な異名で呼ばれている。1918年4月18日、フランスのソン上空で任務中に戦死したが、これが空中戦によるものか、それとも対空砲によるのか、いまだにはっきりしていない。

訳註10：初等飛行学校（A/B schule）にはA1～B2までライセンス制による4段階の訓練課程が設置されていて、最後のB2ライセンスを取得するまでに必要な累積飛行時間は100～150時間ほどであった。卒業者は一人前のパイロットとして専門の飛行訓練学校に入り、任務別の機材に習熟する訓練を受けるが、開戦後は育成期間短縮のために航空団配下に補充飛行隊が編成され、そこで新たなパイロットは実地訓練を受けた。しかし、戦局の悪化に伴い、教官となるベテランパイロットが不足すると、補充飛行隊制度は廃止となり、新米パイロットの共同待機部隊として補充戦闘集団が設置された。ドイツ空軍のパイロット育成システムについては、弊社刊行のオスプレイ"対決"シリーズ1「P-51マスタングvsフォッケウルフFw190」に詳しい。

■ドイツ空軍のパイロット養成課程

1930年代、再建途上にあるドイツ社会には航空機熱が蔓延していた。数千の若者──女性も例外ではない──が、空を飛ぶ魅力の虜になった。少年たちは、マンフレート・フォン・リヒトホーフェン──「赤い戦闘機乗り」[訳註9] として知られる空の英雄──をはじめ、数多くの第一次世界大戦エースパイロットの物語に夢中になった。航空機ブームは沈静化することなく、1933年1月にヒトラーが政権の座に着くと、ますます過熱する。スポーツ飛行がもたらす華々しい宣伝効果と、軍事面における潜在的な可能性を理解したヒトラーは、ナチ党の下部組織として国家社会主義航空団（NSFK）を創設して、12歳以上の少年に空への道を開いた。「将来の空軍」に関心を示すナチ党の方針に沿って、全国から集められた少年たちは、アウトドア技術や工場勤務、肉体の鍛錬、そして最終的にグライダー飛行などのコースで経験を積んだ。

航空少年からFw190強襲飛行隊のパイロットになった一人に、ウェストファリア州ワースタイン出身のヴィリ・ウンガーという若者がいる。航空機に熱狂して訓練過程に進んだタイプと言えるだろう。彼は1934年に地元の「ヒトラー少年飛行隊」に入隊すると、まずそこで合板製SG38グライダーの組み立てと操縦を習った。充分な資格を有することが認められた彼は、5年の時間をかけてグルナウ小型グライダーを飛ばして民間グライダー操縦士免許（A～C級）の取得しようとした。この資格は、20秒以上の飛行を5回こなし、うち1回は30秒以上であること（A）、60秒以上の直進水平飛行を5回こなすこと（B）、最終試験（C）の3段階で構成される。

ポーランドと戦争になった直後の1939年10月、熟練組み立て工になっていたウンガーは、将来の航空兵に歩兵訓練を施す飛行士育成連隊に配属された。しかし、彼は「戦争が始まったとき、私は志願して空軍に入ったのに、熟練工としての技量を見込まれて、パイロットではなく整備士に任命された。だけど本当はパイロットになりたかった！　資格は充分にあったのだが、どうにかパイロットになれたのは1942年末の事だった」と述懐している。

技術学校で鬱屈した日々を過ごしてウンガーは、ようやくバルト海沿岸にあるヴァルネミュンデの第10初等飛行学校 [訳註10] に配属された。ここで彼はパイロット候補生として、複雑な飛行技術や精密機器の操作、編隊飛行、航空航法の訓練を受け、1942年12月14日に初飛行した。1939年から1942年にかけて、毎月1,000名前後の候補生が各地の学校で同様の訓練を修了していた。グライダーを使うのはもちろんのこと、パイロット養成学校ではKl35やFw44、Fw58、Bü181、He51、Ar96、Caudron C445、W34などの各種訓練機を使用していた。

Fw 190A-8/R2 コクピット

1. FuG16ZY用音量調整スイッチ
2. FuG16ZY用受信器スイッチ
3. FuG16ZY用方向操作機スイッチ
4. FuG16ZY用周波数調整スイッチ
5. 水平尾翼角度調整スイッチ
6. 降着装置／着陸フラップ作動ボタン
7. 降着装置／着陸フラップ角度表示計
8. スロットルレバー
9. プロペラ・ピッチ調整ボタン
10. 水平尾翼角度表示器
11. パネルライト調光器
12. 座席
13. スロットル調整ノブ
14. 操縦桿
15. 爆弾投下スイッチ
16. 方向ペダル
17. 翼内機関砲発射ボタン
18. 燃料タンク切り換えカバー
19. エンジン始動装置停止ボタン
20. 停止栓操作レバー
21. FuG25操作パネル
22. 降着装置手動ハンドル
23. コクピット内換気装置用スイッチ
24. 高度計
25. ピトー管過熱灯
26. MG131機関銃装塡確認ランプ
27. 機関銃残弾量表示計
28. SZKK4武器操作スイッチ
29. 30mm装甲ガラス
30. 風防洗浄装置付きパイプ
31. 50mm防弾ガラス
32. レヴィ16B射撃照準器
33. パッド付コーミング
34. 射撃照準器マウント
35. AFN2方向計（FuG16ZY用）
36. 紫外線室内灯
37. 速度計
38. 水平儀
39. コンパス
40. 昇降計
41. 過給器圧力計
42. 回転速度計
43. 胴体懸架兵器投下ハンドル
44. 燃料／潤滑油圧力計
45. 潤滑油温度計
46. 風防ガラス洗浄装置作動レバー
47. エンジン冷却空気流量調整フラップレバー
48. 燃料計
49. プロペラ・ピッチ計
50. 後部燃料タンク切り換え灯
51. 燃料残量警告灯
52. 燃料計スイッチ
53. WGr.21ロケットランチャー操作パネル
54. 爆弾信管作動装置
55. 酸素流量計
56. 信号弾発射筒
57. 酸素圧力計
58. 酸素供給弁
59. キャノピー開閉ハンドル
60. キャノピー投棄レバー
61. サーキット・ブレーカー・パネルカバー
62. 時計
63. 地図ホルダー
64. 飛行経路表示カード
65. 照明弾倉カバー
66. スターター・スイッチ
67. 照明弾倉リリースノブ
68. 燃料ポンプ用サーキット・ブレーカー
69. コンパス偏差表
70. サーキット・ブレーカー・パネルカバー
71. 機関銃用サーキット・ブレーカー

パイロット／搭乗員

ヴァルター・ダール

　西部戦線、東部戦線、そして地中海戦線で合計678回の作戦飛行を記録しているヴァルター・ダールは、ドイツ空軍戦闘機隊の中でも、もっとも経験に富み、不屈の闘志を持った指揮官だろう。

　1916年3月27日、ラインラント＝プファルツ州のベルグツァーベルン地方ルークに生まれたダールは、1935年に歩兵として軍に入隊したが、1938年1月18日に、少尉として空軍に移籍となった。短期間、飛行教官として勤務した後、ダールはJG3に配属となって、はじめて実戦部隊に入ることになった。1941年6月22日の早朝、バルバロッサ作戦、すなわちソ連侵攻作戦に、Bf109Fに搭乗して臨んだダールは、ソ連空軍のポリカルポフI-16戦闘機を撃墜する。その直後に、彼自身が撃墜されてしまうが、彼は戦役における最初の戦果を認められている。彼は敵地で3日間を生き延びた後で、原隊に復帰できたが、後にII./JG3に転属となった。

　7月24日、ダールは二級鉄十字章を授与された。その後も、彼はロシア南部で戦闘機パイロットとして数多くの出撃をこなし、1941年10月23日までに17機を撃墜している。1942年初頭に、II./JG3が一時的にシチリア島に移動してJG53の指揮下に入り、マルタ島に対する作戦に投入された。この時、ダールはIV./JG3の飛行中隊長に任じられていたが、目立つ戦果をあげる間もなく、東部戦線に戻されている。任地はスターリングラード、1942年12月から1943年1月までの間に25機を撃墜し、彼の総撃墜スコアは50機に達した。この功績からドイツ十字章金章が授与された。

　1943年夏、クルスク戦で上官のヴォルフガング・エヴァルド少佐が戦死すると、その後任としてダールはIII./JG3の飛行隊長に任命された。しかし、8月に入ると飛行隊は本土防空戦に従事するため、ミュンスターに後送されることになった。この時を境に、ダールはUSAAFが繰り出してくる重爆撃機群に対する戦術を考案するなど、防空戦闘の第一人者として頭角を現すようになる。

　3月11日、ダール少佐は9機のB-17を含む64機撃墜の功績から、ついに騎士十字章受賞者となる。

　1944年春、戦闘機隊総監のアドルフ・ガランド少将は特別戦闘航空団（JGz.b.V）として知られる、特殊な戦闘隊形に関する提案の具体化を求めた。これはアメリカの重爆撃機群に対し、迅速かつ集中的な迎撃態勢を構築するというもので、ドイツ南部に展開中の戦闘航空団が、その対象となった。ガランドは、ダールを特別戦闘航空団の指揮官に任命し、ダールもこれに応えて熱心に動き、III./JG3、I./JG5、II./JG27、II./JG53、III./JG54を指揮下に加えた。

　5月24日、JGz.b.Vは最初の大規模な迎撃任務に出撃して、敵との接触に成功した。目標は、ベルリン爆撃に向かう517機のB-17と400機近い護衛戦闘機からなるアメリカの戦爆連合部隊である。戦闘機隊は、敵護衛戦闘機隊との激しい空戦に巻き込まれ、爆撃機本隊にまで到達できたのは、10機のB-17編隊と交戦したIII./JG54のFw190など、ほんのわずかだった。この防空戦闘全体では、33機のB-17が撃墜され、256機が損害を受けている。

　6月6日、ダールはJG300の指揮官に任命された。この戦闘航空団は四発爆撃機を狙った戦闘で顕著な働きを見せることになる。しかし、重武装・重装甲のFw190編隊による近接突撃戦術は見事な成功を収めたにもかかわらず、ダールは「臆病な振る舞い」を理由に、1944年11月30日、ゲーリングの命で指揮官の任を解かれてしまう。この時までに、ダールは82機の撃墜を記録していた。1945年1月26日に、彼は昼間戦闘機総監に就任し、2月1日には騎士十字章に柏葉が追加されると同時に、中佐に昇進している。そして、1945年にはMe262およびHe162ジェット戦闘機に搭乗していたと信じられている。

　信頼できる数字としては、総撃墜数128機で、うち30機（最大36機）が四発爆撃機であり、「爆撃機キラー」としては第4位の記録である。また、総撃墜数には34機のII-2シュトルモビクも含まれている。最終的に、678回の出撃任務の中で、300回は対地攻撃任務であった。

　1961年には自伝を出版しているが、これは脚色が過ぎると見なされている。そして1985年11月25日、ハイデルベルクにて死去した。享年69歳だった。

左：乗機Fw190A-8/R2「黄色の17」とともに写る、12./JG3所属の優秀なパイロット、ヴィリ・ウンガー伍長。1944年5月、バルスにて撮影。機体下部には、後方発射用に取り付けられたWGr.21ロケットランンチャーが懸架されている。この「カニ装備」は、敵編隊を航過後、後方にめがけて発射する仕組みになっている。しかし、翼下懸架式の通常のロケットランチャーと異なり、このアイディアは失敗作だったため、多用されることはなかった。ヴィリ・ウンガー伍長の撃墜記録24機のうち21機は四発爆撃機に対する戦果である。彼は1944年10月23日に騎士十字章受賞者となった。

右：敵を知るために、JG2のパイロットたちがB-17の模型を使って迎撃戦術を検討しあっている場面。1943年夏に撮影。模型から伸びるコーン状のワイヤーは、各機関銃の防御射界をそれぞれ示している。

　「動力飛行選抜試験」として知られる導入訓練が、まず最初に候補生の適正を見極めるために用いられている。この結果を参考に爆撃機や戦闘機などの適正を見極め、逆にパイロットの素質がない候補者をふるい落とすのだ。

　約140時間の訓練後、候補生はパイロット徽章を授けられる。ヴィリ・ウンガーの場合は、戦闘機訓練航空団に送られた。しかし、増加し続けるパイロットの損耗が、ドイツ空軍に深刻な負担となり、1943年春頃からは訓練システムにも悪影響をおよぼしはじめていた。それを反映して、戦闘機訓練航空団はすでに戦闘航空団に再編成されている。例えばヴェルノイヒェンの第1戦闘機訓練航空団は第101戦闘航空団（JG101）となり、そこでの訓練期間は3ヶ月半から4ヶ月になっていた。ちなみに1942年の同訓練期間は4～5ヶ月の時間が取られている。

　ヴィリ・ウンガーはフュルス・ヘルツォゲナウラッハのⅠ./JG104（ヨセフ・ウンターベルガー中尉）に配属された。この飛行中隊は、第2、第3飛行中隊と共にフュルスにて戦闘航空団を編成している。Ⅰ./JG104は予備学校であり、Ⅱ.,Ⅲ./JG104は上級学校の役割を担っていた。予備学校の段階では周回飛行や不整地での着陸、短距離着陸、旋回、応用飛行、長距離飛行、航空航法、急降下、編隊飛行や、戦闘飛行隊形および悪天候時における飛行訓練が、わずかながら実施された。予備学校では、初等飛行学校で使用されたのと同じタイプの練習機により、約25時間の飛行訓練が課せられるようになっていた。

　上級学校ではBf109やFw190を用いて、訓練生に周回飛行と不整地での着陸を実施する技量を与えた後に、10時間の単独飛行の中で、2～4機の編隊飛行訓練を行なった。この後は、酸素吸引器を使用した高々度飛行や、弱点の克服するための個別集中訓練と、2度の飛行射撃訓練が続く。各々の訓練飛行には都合3回の地上目標への航法訓練も織り込まれていた。こうした飛行訓練にあてられた時間は、合計16～18時間に達する。

　1943年秋に訓練時間が減少したことで、初等飛行学校、戦闘訓練航空団、補充戦闘集団を終えたパイロットが部隊配属される前に行なわれるプロペラ機を用いての訓練の合計時間は平均148時間になっていた。開戦前が210時間であったことに比べ、削減幅の大きさが分かるだろう。

　1943年6月、フランス南西部に展開していた補充戦闘集団（西部）所属の4個飛行中隊は、前線任務復帰のために、Bf109ないしFw190用の飛行訓練を受けたパイロットの割り当てを受けた。この時の訓練生は、作戦経

験を有する教官のもとで、最後の1ヵ月間の通常訓練を修了している。これは作戦部隊が14日間に削減を求めていた訓練内容だった。この時の訓練には、Fw190への搭乗に先立ち、Bf-108による周回飛行と不整地着陸が含まれている。編隊飛行訓練は、戦闘機訓練航空団での教育内容と同じであるが、少なくとも1度の飛行訓練は、教官が指揮する7〜9機の編隊単位で行なわれた。機関銃、機関砲の両方を使った射撃訓練、目標選定訓練が、特に重点的に施された。

　1944年1月から2月にかけての期間、フランスはロシェル近郊のラ・ルにある補充戦闘集団（東部）の第2飛行中隊で過ごした後、ヴィリ・ウンガーは1944年3月、ついにXI./JG3に配属となった。そこで彼はBf109G-6とFw190A-8を駆って戦闘に参加することになる。しかし、この頃から連合軍は飛行場を目標とした低空襲撃作戦の割合を増やしていたので、警戒態勢の維持に割かれる時間が増え、あらゆる状況で訓練が妨害される危険性が大幅に高まっていた。1944年4月から5月には、ドイツ上空であるにもかかわらず、訓練中のドイツ空軍機が67機も撃墜されているのだ。

　ドイツ本国の経済、軍需産業の中枢部が連合軍の空襲目標になりはじめていた。昼間戦闘機の戦術を担当していた第I戦闘兵団司令官ヨセフ・シュミット中将は、当時の防空戦闘を次のように描写している。

「重大な損失と、精神および肉体両面の緊張状態がパイロットに重圧となってのしかかり、1944年4月から5月にかけて、我が空軍の戦闘能力は著しい低下を見せている。若手の補充パイロットは飛行技術も無線機の扱いも未熟である。戦闘経験も不足していて、特に高々度での作戦能力の低さは目を覆うばかりだ。しかし、作戦部隊における訓練のための時間と機会は、これ以上増やす余地がない。優秀な部隊指揮官の不足も深刻になっている。慢性的な戦闘状態を強いられることを原因とする過度の重圧が、戦闘での消耗に繋がっている。練度が高い戦闘機パイロットは、もう限界に達しているのだ」

　ヴィリ・ウンガーのような、充分な訓練を受けた数百名の新任パイロットがこの時期に投入されたことは、来るべき事態の前兆に過ぎない。

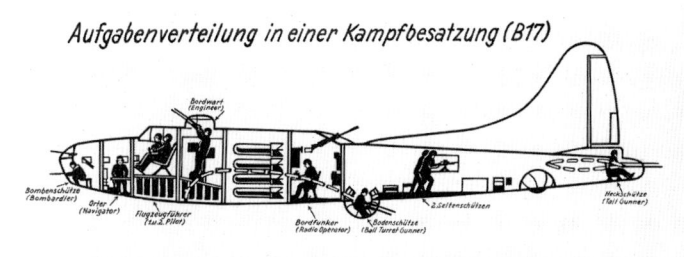

B-17Fの機内配置を解説したドイツ空軍の手引き書。敵の機内配置や長所、短所に精通することは、ドイツ軍パイロットにとって生死を分ける重大な関心事だった。このような情報を頭に叩き込むことで、状況に応じた適切な戦術を選択し、最小限のリスクで最大の戦果をあげられるのである。

B-17Gフライングフォートレス　シャイアン機尾銃座

1. 射撃照準器
2. 防弾ガラス製シールド
3. ブローニング 12.7mm M2 機関銃用ハンドグリップ
4. ライト
5. 除霜管
6. インターフォン・コード差し込み部
7. 酸素調節弁
8. 酸素ゲージ
9. 酸素用ホース
10. インターフォン・ジャックボックス
11. 酸素供給機
12. 12.7mm機関銃弾薬箱
13. 12.7mm機関銃用弾帯
14. 座席／シートベルト
15. 膝当て
16. 防寒服用電源
17. 簡易酸素供給機
18. 操作パネル
19. 木製キャットウォーク

■**アメリカの機銃手養成課程**

　1943年秋にP-47用の落下式燃料タンクが開発され、さらに後にドイツ深奥部まで護衛可能なP-51戦闘機が登場するまでは、フライングフォートレスの防御は、機載機関銃しかなく、敵戦闘機の迎撃に生き残るかどうかは、機銃手の正確な射撃にかかっていた。このような現実を踏まえ、同じ年にラスヴェガス陸軍航空隊基地（LVAAF）で編纂された年鑑には、爆撃機機銃手の役割に関して、

「彼ら（機銃手）がもたらす防御力は長距離爆撃の成否を左右する。自身を守る防御能力に依存して、長距離爆撃作戦は成立しているのだ。爆撃機は単独であっても、敵戦闘機群に対抗できなければならない。この責任は爆撃機に搭乗する機銃手の手腕にかかっている。機銃手は優秀でなければならず、もし彼らが死ねば、重爆撃機は運命を共にすることになる。爆撃機に乗り込む9名のクルーのうち、機銃手の5名は、整備員、無線手、カメラマンとしての訓練も受ける。彼らのほとんどは機関銃を撃った経験を持たない。彼らを優秀な機銃手に育て上げるために、陸軍航空隊は軍内部において6週間の猛訓練を施すのだ」

「特設された教育コースで、機銃手は殺し屋としての手ほどきを受ける。まず正確な射撃技術を身につけるために、ミニチュアと5.6mmライフルを使って、トラップ射撃とスキート射撃の腕を磨く。機関銃を撃つ際は、銃塔の癖を見つけ出すとともに、高々度飛行時の特殊な状況における訓練も行なわれる。以上の訓練課程を修了した機銃手は、戦闘に備え、作戦訓練部隊に配属される」

「困難な事業であるかもしれない。しかしLVAAFはその難事に挑むための国の防衛計画の要であり、この計画の進捗は、敵にとって次から次へと困難かつ不愉快な事態を招来する予兆となるだろう」

　このような信念は、根拠薄弱でも誇張でも何でもなかった。戦争がはじまった時点では、USAACは機銃手を育成する施設を保有していなかったが、1941年夏には、機銃手訓練コースを設置するノウハウを探るべく、イギリスに視察団を派遣している。これに続き、B-17の機銃手要員がラスヴェガスの北の郊外にある臨時射撃術学校に集められた。その学校では、重爆撃機に搭載する機関銃の訓練が実施されている。この訓練学校に到着

左：出撃に備え、氷点下の高々度を飛行時に不可欠なレザー製およびシープスキン製のフライトジャケットを着込む機銃手。救命胴衣とパラシュート用ハーネス、絹製のスカーフも身につけている。電熱線が織り込まれた防寒シャツの電源プラグが、フライトジャケットの裾からはみ出しているのが見える。両肩にかけているのは、ブローニング12.7mm機関銃用の弾帯である。彼の背後に見えるのは、358BS/303BG所属のB-17F 42-29524「ミートハウンド」号で、いかにもB-17らしい無骨な機体である。オシャースレーベン空襲に続く、1944年1月11日、オランダ上空にて2基のプロペラが破損しているのを、他の機のクルーが確認したのが作戦最後の姿となった。J・M・ワトソン少尉を除き、クルー全員がゾイデル海上空で脱出した。4名が海面に落ちて溺死し、1名が逃亡に成功、3名が戦争捕虜となった。J・M・ワトソン少尉は翼桁が激しく損傷した機体をどうにかイギリスまで帰そうとして、メットフィールド飛行場に不時着した。そして2時間後、消火チームが少尉の遺体を取り出したのである。

右：イギリスに着いたばかりの初々しいB-17クルーが、古参士官から木製模型を使った編隊飛行の説明を受けている。原則通りの飛行と編隊の維持が、敵占領下のヨーロッパ上空で生き延びる鍵となる。

1943年中期に本土防空任務に出撃したドイツ空軍の戦闘機パイロットにとって、最大の目標だった敵の姿を忘れることはできないだろう。写真は、格納庫の扉に描かれたB-17Fの等身大正面図で、距離感覚を養う訓練に使われた。

した訓練生は、ネヴァダ砂漠の荒涼とした風景に、真っ先に驚かされることになる。「見渡す限り、どこまでも続く砂漠と山しかない」と振り返る元訓練生もいる。

まず、訓練生はエアライフルで射撃術を身につける。最初は地面に置かれた的からはじまって、移動する的の射撃に移る。次に地上での機関銃射撃だが、これは地上に置かれた銃塔を操作して、移動するフラッグを狙うという訓練である。仕上げは、B-34またはB-26に乗り込んでの、実戦想定訓練である。訓練で使用される機関銃は、ヨーロッパ上空の戦いで最もポピュラーな、ブローニングM2 12.7mm機関銃である。訓練生は80個の部品から構成されるこの機関銃を、目隠し状態でも分解組み立て動作ができるようになるまで、徹底的にしごかれる。

訓練課程の三分の二が終わる頃になると、訓練生は同じ州のインディアン・スプリングス訓練場に移送される。そこでは、短期間ながら、AT-6テキサン練習機を使い、空中戦を想定した機銃操作訓練が行なわれる。個人の達成度を正確に判定するために、銃毎に異なる色のペイント弾が装填されていた。この訓練が終わると、再度ラスヴェガスに戻り、B-17を使用した訓練が待っている。

第二次世界大戦の後半を通じ、LVAAFでは平均して5週間毎に600名の機関銃手が訓練を受け、基地を後にしていた。1943年を通じての修了者は9,117名となる。組織は拡充を続け、1944年9月までに訓練修了者数は22万7,827名に達している。

ヨーロッパ戦域（ETO）に目を転じよう。訓練を受けた機銃手は高い技量を兼ね備え、乗機を知り尽くしているように見えた。しかし、イギリスに到着すると、状況はそれほど甘くはないことが明らかになる。ドイツ空軍との最初の衝突で高い技量が求められていたにもかかわらず、総じて、機首銃座および胴体側方銃座につく機銃手の腕前は未熟であり、友軍機同士の誤射も珍しくはなかった。取り回しが重くて反動が大きな12.7mm機関銃を、時速320kmのスリップストリームの中で操作して、戦闘機のように小さくて素早い目標に命中させるのは、非常に困難な任務だったのだ。

1942年にアメリカ本土から最初の爆撃航空群が到着すると、エイカーと第VIII爆撃兵団は、イギリスから提供されたスネッティシャムやコーンウォールなどの施設や沿岸部の訓練空域で、標的曳航機を使用した機銃手の集中訓練を実施した。しかし、このような努力にもかかわらず、1942年を通じての爆撃機機銃手の質は、期待を下回るものだった。

1944年11月になっても、第8航空軍は機銃手の戦闘能力について、「機

1944年に発行された、B-17パイロット用マニュアルの一部。

> **THE GUNNERS**
>
> The B-17 is a most effective gun platform, but its effectiveness can be either applied or defeated by the way the gunners in your crew perform their duties in action.
>
> Your gunners belong to one of two distinct categories: turret gunners and flexible gunners.
>
> The power turret gunners require many mental and physical qualities similar to what we know as inherent flying ability, since the operation of the power turret and gunsight are much like that of airplane flight operation.
>
> While the flexible gunners do not require the same delicate touch as the turret gunner, they must have a fine sense of timing and be familiar with the rudiments of exterior ballistics.
>
> All gunners should be familiar with the coverage area of all gun positions, and be prepared to bring the proper gun to bear as the conditions may warrant.
>
> They should be experts in aircraft identification. Where the Sperry turret is used, failure to set the target dimension dial properly on the K-type sight will result in miscalculation of range.
>
> They must be thoroughly familiar with the Browning aircraft machine gun. They should know how to maintain the guns, how to clear jams and stoppages, and how to harmonize the sights with the guns.
>
> While participating in training flights, the gunners should be operating their turrets constantly, tracking with the flexible guns even when actual firing is not practical. Other airplanes flying in the vicinity offer excellent tracking targets, as do automobiles, houses, and other ground objects during low altitude flights.
>
> The importance of teamwork cannot be overemphasized. One poorly trained gunner, or one man not on the alert, can be the weak link as a result of which the entire crew may be lost.
>
> Keep the interest of your gunners alive at all times. Any form of competition among the gunners themselves should stimulate interest to a high degree.
>
> Finally, each gunner should fire the guns at each station to familiarize himself with the other man's position and to insure knowledge of operation in the event of an emergency.

首下部銃塔の能力が低い。これは、敵戦闘機が爆撃機の弱点を狙って攻撃を仕掛けようとする結果、機首方向からの攻撃が増え続けていることが影響しているようにも考えられる。この弱点に関しては、(1) 航法手や爆撃手としての本来の任務が、機銃手としての役割より重視され、(2) かなりの割合で航法手と爆撃手は機銃手としての訓練を受けていない、などの理由で説明できる」と、結論している。

　しかし、1943年から翌年にかけての冬季に、第8航空軍がまとまった数の新しいB-17を受け取ると、アメリカ軍における作戦訓練はかなり高いレベルに達するようになった。これは、部隊レベルで散発的に行なわれていた訓練とは別に、搭乗員補充センター（CCRC）の功績によるところが大きい。1944年4月に創意にあふれる砲術、射撃術関係の士官がキンボルトンに集まり、廃棄されたB-17から集めた各種機銃関連部材と、彼らの手で組み立てた木製模型を使って、機関銃の適正な配置箇所についての検討を行なっている。訓練では目標のイメージ映像がスクリーンに映し出されるようになっていたが、同時に、各地の飛行場ではB-17の上部銃塔を荷台に搭載したトラックを用意している。このトラックは基地の周辺を走り回り、銃塔に乗り込んだ新米機銃手は、基地を離発着する自軍機を目標に見立てた射撃訓練で、照準方法を身につけたのである。

カーミット・D・スティーブンス

　第8航空軍においてもっとも経験豊富な作戦士官で、かつ爆撃航空群の指揮官としても知られるカーミット・D・スティーブンスは、1908年12月16日、オレゴン州ローゼバーグに生を受けた。彼は最初、オレゴン州立大学の米予備役将校訓練隊（ROTC）に志願し、理学士の資格を取得して卒業した。1935年にはUSAACの士官候補生となり、テキサス州ケリー基地に勤務する。彼は続く4年間を、最終的にはA-20ハボック軽爆撃機を装備した第3攻撃航空群での勤務に費やしている。飛行中隊長に昇進したスティーブンスは、1942年1月末、ジョージア州サバンナ陸軍基地に設立された第8航空軍に転属となった。

　間もなく、彼はコマンドスタッフの第一陣としてイギリスに派遣され、バッキンガムシャイアーのハイ・ワイコンビーにある荘園の一角に設けられたダウズ・ヒル・ロッジにて、まだ産声を上げたばかりの第8航空軍司令部に赴任した。

　彼は作戦士官として司令部に勤務した後、チャールズ・E・マリオン大佐の後任として、1943年7月19日に、ハンティンドンシャイアーのモールスワースにある第303BG（H）の指揮官として転出した。彼は「ヘルズ・エンジェルス」と呼ばれるこの部隊を率いて、ドイツ爆撃に武勲を残し、ヒュルスやシュヴァインフルト、フランクフルト、ブレーメン、ケルン、ベルリン、ハンブルクなど、ドイツ各地への爆撃任務で目覚ましい戦果をあげた。

　1943年8月16日、指揮官に任命されてから1ヵ月になるスティーブンスは、303BG所属機20機を率いて、フランスのル・ブールジュ飛行場の爆撃に向かった。この時、彼が操縦していたのは、427BS所属のB-17F 42-5431「ヴィシャス・ヴァージン」号である。同じ爆撃任務に投入されたB-17F 41-24605「ノックアウト・ドロッパー」号の下部球状銃塔手フランク・ギャレット軍曹は、この時の事を「この爆撃は最初から最後まで成功続きで、爆撃目標は粉砕された。撃墜された敵航空機の数も相当なものだった」と述懐している。一方、スティーブンスは「眼下には大量の煙が上がっていた。いずれにせよ、民間人への被害は少ないだろう」と、極めて簡潔に述べるに留まっている。この爆撃任務に優れた成果を残したことが正当に評価され、彼は銀星章を授かった。

　1944年9月1日、スティーブンスは303BGでの任務を解かれた。その時点で、303BGはイギリスを拠点とした第8航空軍爆撃軍団の中で、最初に300回の任務を達成した爆撃航空群となり、最終的には、B-17を装備した部隊としては最多出撃回数を記録した。そして、投下した爆弾の総トン数では、2番目の記録を残している。同年11月にアメリカに帰国したスティーブンスは、第2航空軍の編成内にあるB-29訓練基地の司令官となった。

　スティーブンス大佐は1964年1月31日にアメリカ空軍を退官し、カリフォルニアで隠退生活を楽しんだ後、2004年11月21日に死去している。

戦闘開始
Combat

■戦術

　1942年夏になると、B-17フライングフォートレスは占領下フランスへの爆撃を開始し、1943年1月にはいよいよドイツを射程におさめはじめた。ドイツ空軍の戦術問題担当者たちは、この重武装を誇る四発爆撃機に充分対抗できる兵器がないという現実に、間もなく直面した。敵護衛戦闘機の壁を突き抜けた後、今度は撃墜を確実にするために、重爆撃機に近接戦闘を仕掛けるという任務を、Fw190だけに要求するにあまりに酷で犠牲が大きすぎる。ドイツ軍の戦闘機パイロットは、急降下によって一気に敵の護衛戦闘機群を突破して、手近な爆撃機に射撃を浴びせた後、素早く雲の中に飛び込んで帰投するという戦術を、半ば習慣化して用いるようになった。

　爆撃目標がドイツ深奥部に拡大し、護衛戦闘機が全行程に追随できなくなると、ドイツの迎撃戦闘機は爆撃編隊の後方から襲いかかるようになる。しかし、このような迎撃方法では、爆撃編隊による濃密な阻止射撃によって大きな損害を被ることが、やがてはっきりした。迎撃に出た戦闘機パイロットには、爆撃機との近接戦闘を厭う者がしばしばいて、彼らは1,000mもの遠距離で射撃を開始したが、ほとんど効果がなかった。

　一方、アメリカ軍の視点に立ち、1942年9月にイギリス航空相あてにUSAAFの連絡将校が用意した報告書を見てみると、次のようなことが書いてある。

　　機銃手はそれぞれの持ち場で担当監視範囲が与えられているので、目視確認が可能な範囲には死角はない。B-17Fについては、400ヤード（約

写真のB-17編隊は、結束を喪失しているように見える。酷い損害を受けた任務から帰還する途中なのだろう。

365m）以内ならどの空間も最低3挺の機関銃の射角に入るようになっている。爆撃編隊を襲撃しようとする敵戦闘機への阻止火力は、防御隊形をとった各機からの相互支援射撃によって、さらに濃密なものとなる。

　敵戦闘機については、あらゆる角度から襲い来る事態を経験済みである。敵は最初、後方から攻撃を仕掛け、続いて側方、機体上方、下方、機首方向と攻撃位置を変えてきた。直近の2回の任務では、真正面からの攻撃（対進攻撃）を敢行している。こうした攻撃のうち、成功例には共通点がある。撃墜されたB-17では、交戦時に機銃手が戦死しているのである。帰還した機体の損傷は取るに足らない。敵の攻撃によって一度でも出撃不能になった機体の例は、わずか2機に過ぎない。機銃手の働きによって、多くの敵戦闘機は反復攻撃をあきらめてしまうのである。同様の事は、戦闘機が1,000ヤード（約914m）以上離れている場合でも、時折発生している。

　Fw190の機関銃は3秒間の連射によって、約130発の弾丸を喪失する。これが翼内の燃料タンクなど致命的な部位に命中しない限り、爆撃機を撃墜するためには20発の20mm機関砲弾を命中させる必要があると言われている。ガンカメラが撮影したフィルム映像を分析したドイツ空軍の担当者や武器専門家は、平均的なパイロットが敵爆撃機に与えられる命中弾の数は、総射撃弾数の2%程度だろうと結論している。したがって、撃墜に必要な20発の命中弾を得るには、1,000発の20mm機関砲弾が必要で、これを射撃時間に換算すると23秒ものあいだ、Fw190A-4は敵の危険な後方射界に留まらなければならないことになる。

　1942年11月23日、36機からなるB-17とB-24の編隊が、護衛機を伴わずにサン・ナゼールのUボート基地を爆撃した。B-17の編隊が爆撃航程に入ると、エゴン・マイヤー大尉が指揮するⅢ./JG2のFw190が、これに襲いかかった。この攻撃で、マイヤーは数週間来、戦闘機隊を率いる指揮官同士で話し合った結果たどり着いた一つの戦術を試す、理想的な機会に恵まれた。それはケッテンと呼ばれる3機編隊を組み、B-17に真正面から対進攻撃を仕掛けるというもので、速度を維持したまま機首方向を変える前に射撃を実施し、一気に上昇するか、半回転して爆撃機の下方に抜けたの

下左：B-17の側方機銃座に着いた機銃手がブローニング12.7mm機関銃で射撃をシミュレートしている。1942年後期、実際にはドイツ空軍にかなりの出血を強いていたにもかかわらず、第8航空軍では機銃手がB-17やB-24を敵の迎撃から適切に守れていないと判断していた。敵戦闘機が爆撃機に高速で実施する対進攻撃と後方からの攻撃に、機銃手が正確に対処するのは困難だった。

下右：方向舵と初期の「スティンガー」銃座を装備したB-17の尾部周辺。これは1943年初頭に、Ⅲ./JG2の戦闘航空隊隊長で、Fw190エースとして知られるエゴン・マイヤー少佐によって撃墜された機体で、墜落後に大きく損傷している。胴体ドア（および窓）と、機尾機銃手用の小型脱出ドアが開けられている。

Ⅲ./JG2所属のエゴン・マイヤー少佐が乗機Fw190A-4（あるいはA-5）と共に写っている。1943年初頭にフランス北西部で撮影。方向舵には62機の撃墜マークが描かれているが、6機は四発爆撃機のもので、うち5機はB-17である。その内訳は、1942年11月23日と1943年1月3日にそれぞれ2機撃墜したことが分かっている。1944年3月2日、モンメディーでの作戦中に戦死した少佐には、騎士十字章に剣が追加授与されている。生涯撃墜スコアは102機、うちB-17は21機だった。

である。通例の後方からの攻撃と比較すると、敵正面からの対進攻撃は、爆撃機にとって重要部位が集中するコクピット周辺を狙うのに最適であると、マイヤーは確信していた。さらに重要なのは、機首方向の防御火力の小ささが、B-17の弱点だったことである。この攻撃で、4機のB-17が撃墜されたのに対して、Fw190が1機が失われただけだった。「この瞬間から、B-17は充分な防御力を備えた爆撃機とは言えなくなった」と評する歴史家もいる。

　この成功に自信を得たアドルフ・ガランド少将は、ドイツ空軍の全戦闘機隊に向けて次のような告知文を送付している。
A）敵の四発爆撃機に対して後方から攻撃を仕掛けることは、効果が薄いばかりか、自らの損害の増大を招く。もし敵機後方から攻撃を仕掛けねばならない状況であるなら、それは敵機下方ないし上方から為されるべきであり、燃料タンクかエンジンを狙うべきこと。
B）敵機側方からの攻撃は有効であるが、これを可能にするには訓練と優れた射撃術が必要である。
C）上方あるいは下方どちらでも、対進攻撃では自機の速度を抑えることが重要である。飛行技量と正確な照準に加え、最短射程距離まで敵を引きつける事は、対進攻撃を成功させるのに不可欠な要素である。基本的に、戦闘機編隊を維持した状態での攻撃が最も有効だろう。このような場合、防御火力は最も弱いため、爆撃編隊が崩壊する可能性が高い。

　1943年の前半を通じ、ヨーロッパ上空の戦いは激化の一途をたどった。この間のドイツ軍の対爆撃機戦術は、後方からの攻撃と対進攻撃の間で揺れ動いていたかのように見えた。後方からの攻撃を重視していたパイロットは、主翼の付け根から内側エンジンにかけての部分がB-17の最大の弱点であることを発見していた。特に第3エンジンは、油圧システムの動力源だったため、重要な部位だと見なされていた。

　対進攻撃では、コクピット周辺および第3エンジンが攻撃箇所の鍵となった。しかし、1943年8月にドイツ空軍総司令部（OKL）は、対進攻撃を廃して、再び後方からの攻撃に立ち返るよう命令を出している。戦闘航空団に配属されつつある多くの経験不足で未熟なパイロットには、対進攻撃は困難であるというのが、その理由だった。対進攻撃では彼我の相対速度が上昇するため、交戦速度が極端に速く、その中で操縦して射撃距離を見積もり、命中弾を与えるには、かなりの技量を必要としたのである。ほんのわずかでも、爆撃機の側が回避行動を取るだけで、対進攻撃の難易度は格段に跳ね上がった。これに対して、後方からの攻撃ならば、多少の回避行動をとられても対応が容易だったのである。

左：ドイツ空軍のエース、エゴン・マイヤー少佐は、B-17を相手にする場合、犠牲が大きな後方攻撃よりも、対進攻撃のほうが脆弱なコクピット周辺部を狙える分、効果が大きいと信じていた。B-17は前方に対する防御火力がもっとも弱いという点も重要である。

右：銃弾の雨に打たれて編隊から脱落するB-17。Fw190からの攻撃によってエンジンが火災を起こしている。1944年3月、ドイツ上空にて。

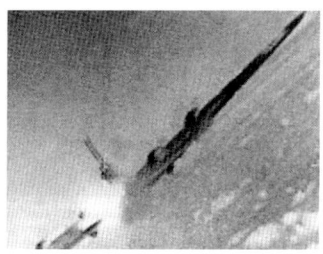

このような後方からの攻撃への回帰は、時宜にかなっていたことがやがて明らかになる。と言うのも、1943年9月には、機首下部にベンディックス電動式連装銃塔を装着したB-17Gが登場したからだ。機首に効果的な武装を施したB-17Gは、対進攻撃に対抗して設計されたものである。

　重爆撃機(ヘヴィーズ)の撃墜を目的とした新兵器が導入されるに至り、空の戦いはますますエスカレートする。JG1およびJG11のFw190は直径21cmの空対空ロケットランチャー（ストーブ煙突と呼ばれた）を翼下に懸架するようになった。これはもともと歩兵用兵器であるが、爆撃機の対空機銃の射程外から使用できる武器が求められた結果、導入された。この弾頭が爆撃機の編隊内部または近くで爆発すれば、その威力で編隊は大きく乱れてしまい、ちりぢりになった爆撃機は恰好の攻撃目標になる。1943年8月後半に第8航空軍が作製した関連報告書には、「攻撃に向かう我が爆撃航空隊に対し、もっとも危険な障害になりかけている」と、警戒を示している。このロケット砲が最も威力を発揮したのは、1943年10月14日に実施されたシュヴァインフルト空襲だろう。この時の防空戦では62機の爆撃機が撃墜破されているが、その多くは、空対空ロケットによって編隊を崩された後に撃墜されたものだったからだ。

　1943年秋には、ガランドの幕僚の一人、ハンス＝ギュンター・フォン・コルナツキー少佐が「革新的」な戦術を考案した。それが爆撃機の脅威に対抗するための、強襲飛行中隊(シュトゥルムシュタッフェル)の編成である。重武装、重装甲を施したFw190の密集隊形によって敵爆撃編隊を後方から襲撃するという、シンプルかつ過激な新戦術だった。ガンカメラの映像や交戦記録をつぶさに研究、検証し、さらに実際に四発爆撃機と戦ったパイロットの聞き取り調査を実施した結果、コルナツキー少佐は、アメリカ軍の爆撃編隊に対する後方からの攻撃に関して、次のような仮説を組み立てた。もし迎撃戦闘機が単独で40挺以上のブローニングM2 12.7mm機関銃の阻止火網に突入すれば、無傷で攻撃を終えることはほぼ不可能である。そのような状況下では、単独の戦闘機が爆撃機を撃墜できるチャンスはほとんどない。

　しかし、もし定数の飛行隊が同時に近接戦闘距離に入ることができれば、爆撃機の機銃手は射撃目標を分散せざるを得ず、結果として防御火力が弱まり、個々の戦闘機は損害を受けずに近接距離に入れる可能性が大きくなる。武装強化型の強襲飛行隊配属機は速度と運動性能が大きく低下するので、強襲飛行隊1個につき通常の戦闘飛行隊2個が帯同する。彼らの主任務は、敵の護衛戦闘機を引きつけることである。

　またコルナツキーは、もしパイロットが充分な至近距離まで接近したにもかかわらず、弾薬を使い果たしてしまったような場合は、最後の手段として、敵爆撃機を体当たりで撃墜するという選択肢まで提唱している。こ

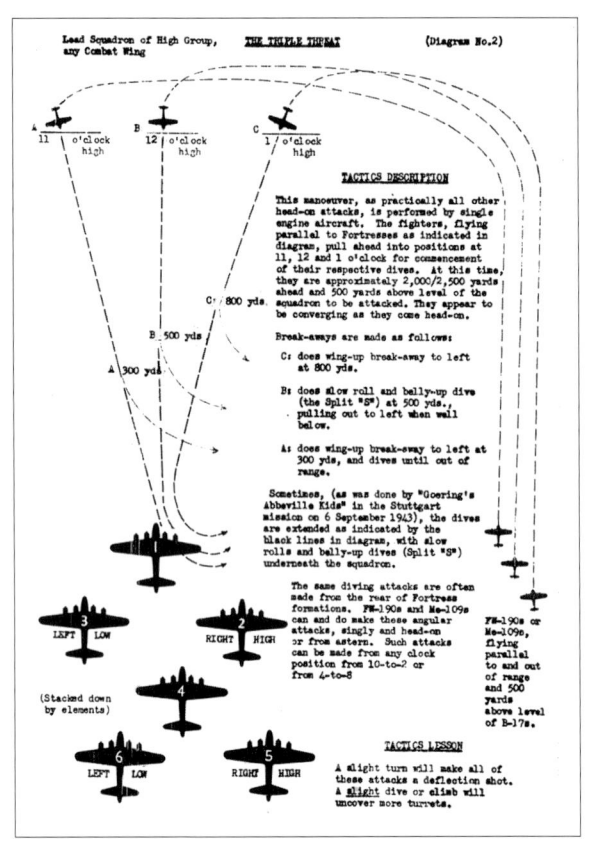

1943年11月に第3航空師団が発行した図解書の一部は、B-17に対してドイツ軍戦闘機が実施する攻撃方法の説明になっている。ここに描かれているのは、3機のFw190がそれぞれ11時、12時、1時の上空方向から同時に仕掛けてくる三重の脅威(トリプル・スリート)の解説である。師団では「フン族（訳註：ドイツ人を差す蔑称）は臨機応変の才に長けているので、もし有利と見れば、攻撃戦術を素早く変えてくる」と注意を促している。他にも、「ロケット射手」「ローラー・コースター」「同性愛者」「ひったくり」「単発キツツキ」など、敵の攻撃方法を表す説明はユニークかつ多彩である。

1944年夏、Stab./JG26所属のFw190A-8/R6に重量152kgのWGr.21cmロケットランチャーを装填作業中の武器整備係。直撃すれば文句なし、激しい爆風によって敵編隊が崩壊するという威力を認めたとしても、このロケット兵器が成功例かどうかは疑問が残る。たいていのパイロットは、射程の遥か外側でこのロケットを発射してしまうからだ。

1943年7月28日、379BG所属のB-17F「サッドサック」号は、カッセルおよびオシャースレーベン空襲任務で21cm空対空ロケットの直撃を受けて大破したが、どうにかイギリスに帰還できた。ロケットは上部銃塔の真下に命中し、はずみで機体の酸素タンクが誘爆したために、機体に大穴が空いている。

れを検討したアドルフ・ガランドは、第1強襲飛行中隊（Strumstaffel 1）の創隊を許可し、コルナツキー少佐をその指揮官に任命した。

　1943年11月8日、アドルフ・ガランドは配下の部隊指揮官に次のように通達した。

「我が軍の戦闘機はこれまでアメリカ軍が繰り出してくる四発爆撃編隊の侵攻を効果的に阻止することができなかった。新しい兵器システムを導入しても、認めうるほどには状況を変えられていない。失敗の主要因は近接戦闘に移るまでのあいだ、部隊指揮官が編隊維持できていないことにある。それ故、ゲーリング国家元帥は、強襲飛行中隊の創隊を命じた。強襲飛行中隊の任務は、重武装の戦闘機が編隊を維持したまま近接戦闘をしかけ、徹底した攻撃により連合軍の爆撃編隊を瓦解させることにある。このような攻撃によって、何が起ころうと敵編隊を徹底的に叩き、損害を度外視してでも全滅に追い込まねばならないのである」

　すでに第1強襲飛行中隊は通常のコクピットのサイドパネルに30mm防弾ガラスを追加し、エンジン火災からパイロットを守る厚さ5mmの強化ガラスで覆われたコクピットを備えたFw190A-6を部隊装備として受け取っていた。胴体内部については、コクピット周囲と機首側に厚さ5mmの装甲鋼

鈑が追加されていて、防御射撃に対する抗堪性を強化していた。さらに操縦席も5mmの装甲鋼鈑と12mmの頭部防御用パネルで守られていた。

　第1強襲飛行中隊のパイロットになるには以下のような宣誓に同意しなければならなかった。

1.) 自らの意志で強襲飛行中隊に志願したこと。
A.) 例外なく、敵に対して密集隊形の編隊を維持して攻撃を行なうこと。
B.) 接近中の損害によって間隙が発生したら、ただちに指揮官機との間を詰めて密集隊形を維持すること。
C.) 敵機は最小射程において撃墜すること。射撃による撃墜が不可能なときは、体当たりによって撃墜する。
D.) 強襲飛行中隊のパイロットは、撃墜を認めるまで、損傷した敵爆撃機との接触を続ける。
2.) 私は、自らの意志でこれらの戦術原則を義務として遂行し、敵を撃墜するまで基地に帰投しない。もしこの原則に背く場合は、軍法会議による審理ないし原隊からの除隊処分にも不服を抱かない。

　伝統的に、アメリカ軍の爆撃隊は18機のB-17で「コンバットボックス」を組むのを好んでいた。コンバットボックスは6機からなる爆撃中隊3個で構成され、爆撃中隊は3機からなる爆撃小隊2個で編成される。完全な「コンバットボックス」は、先導位置にあるボックス（リード・ボックス）の後方約2.4kmの空域を飛行する。

　しかし、1943年後半になると、防御火力の密度を上げて編隊全体の防御力を高める必要から、コンバットボックスは36機で構成されるようになった。これも3機からなる爆撃小隊2個で編成される爆撃中隊を軸に構成されるが、当時、まだ搭載数が少なかったレーダー誘導装置の効果を少しでも上げるために、なるべく多くの爆撃機が密集するようになっていた。同じ小隊に所属する機体同士は、やや高度をずらした状態で横に並んで飛行した。小隊内の3機の高度の位置関係は、上、中央、下の三層となる。

　コンバットボックスは、爆撃縦隊で爆撃を実施する。この時、コンバットボックス同士が一列縦隊を為して、同じ高度を維持したまま互いに約6.4kmの距離を置いて飛行する。このような飛行隊形は「盲目」爆撃に適したもので、護衛戦闘機にとっても「規律」が維持された隊形であるため、護衛しやすい利点があった。しかし、大規模な編隊であるため、全機が漏れなくフォーメイションを維持するのは、かなり困難だった。

　1943年から翌年にかけての冬季には、（撃墜の他、損傷機も含めた）ドイツ軍の集団襲撃戦術に直面して生じた戦闘損耗により、第8航空軍はしばしば、36機でコンバットボックスを構成するのを諦めて、18〜21機で妥協せざるをえない場面が見られるようになった。

　1944年3月には、21機のコンバットボックスが定型化された。これも爆撃小隊2個から成る爆撃中隊3個という構成だが、細かく見ると、先導爆撃中隊と下層爆撃中隊が各6機、上層爆撃中隊が9機で編成されている。上層と下層の中隊は先導中隊の斜め後ろ45度、先導中隊を挟んで対極の位置を飛行する。真上から見ると進行方向に対して逆"V"字型となるのだ。ボックス内の爆撃機同士の距離は（通常30〜60m程度で、これは1〜2機分の全翼長と同じ）、火力集中の効果を求めつつ、衝突の危険性や爆撃

ハンス＝ギュンター・フォン・コルナツキー少佐はガンカメラの映像や多数の戦闘報告をつぶさに検証した。そして、爆撃編隊の後方から集中攻撃を仕掛けるのが、もっとも自軍に損害が発生しにくく、かつ、四発爆撃機を撃墜できるチャンスが大きくなる方法であると結論した。リーグニッツ出身のコルナツキーは、1906年6月22日生まれで、1928年にドイツ国防軍に入隊した。1933年に空軍に移り、翌年、パイロットとしての訓練を受けた直後は、Ⅱ./JG132、JG334、Ⅰ./JG136に勤務し、1939年9月にはⅡ./JG52の飛行隊長に任命された。その後、第1戦闘訓練航空団の主任教官となっている。1941年5月3日、コルナツキーはゲーリング国家元帥の秘書で少将を父に持つ女性と結婚した。第1強襲飛行中隊の解散後、彼はⅡ.(Strum)/JG4の飛行隊長となり、1944年9月12日、Fw190A-8でアメリカ軍戦闘機と交戦して戦死した。階級は中佐のままで留められた。

第1強襲飛行中隊用装備として最初に届いたFw190A-6がエンジンを始動したところ。1943年秋か1944年初頭にアハマーあるいはドルトムントで撮影。キャノピーには防弾パネルがはめ込まれ、コクピット用の側面装甲鋼鈑が胴体に追加されている。部隊紋章の稲妻を掴んだ鉄の籠手がカウリングに、また、機尾には黒、白、黒の識別帯がそれぞれ描かれていた。

行程、あるいはスリップストリームによる干渉や不具合を最小限に抑えた結果から導き出された数字である。

　理想通りに構成された爆撃縦隊は、全長144kmにもなるため、今度はこの距離が護衛戦闘機にとって大きな問題となる。爆撃機の航行速度に合わせるためには、飛行コースをジグザグにしなければならないからだ。それだけではない。各々の戦闘機グループは燃料が底を突くまで、せいぜい30分しか爆撃機と一緒にいられないので、一つの防空戦闘に投入できる護衛機の数は少ないのである。通常は、護衛戦闘機の1/3が爆撃縦隊の先頭に付いて、対進攻撃から先頭集団を護るようになっていた。

　第1強襲飛行中隊のリヒャルト・フランツ少尉は攻撃目標の爆撃機について次のように回顧している。

「当時、V字型の飛行隊形で敵爆撃機群を後方から攻撃する部隊は、強襲飛行中隊だけしかなかった。密集V字隊形は強烈な火力を発揮できるので、強力な攻撃方法だった。だから、敵と遭遇できれば、常に成功を収めることができた。いつもの対進攻撃とは違って、この攻撃方法なら我々は長い時間、敵を攻撃し続けることができるが、同じ事が爆撃機の機銃手にも言える。記憶をたどってみると、爆撃機群が作っていた防空隊形は非常に効果的だったというのが私の感想だ。いざ攻撃に移ろうとしても、防御射撃から逃れられる角度を見つけることはほぼ不可能だったからだ」

　1944年4月末に第1強襲飛行中隊は解散したが、これはドイツ空軍がコルナツキーの考えを放棄したというわけではない。むしろ事実はその逆である。小部隊が短期間に獲得した戦果に自信を得たOKLは、新たに強襲飛行隊、すなわちⅡ.（Sturm）/JG4とⅡ.（Strum）/JG300の編成と、Ⅳ.（Strum）/JG3の創隊を決めたのである。

　Ⅳ.（Strum）/JG3の飛行隊長に任じられたヴィルヘルム・モリッツは、この時の事について「私に関して言えば、コルナツキーが提唱した空戦戦術を受け入れたことはなく、部下のパイロットに体当たりなど要求しなかった。私の部隊（Ⅳ.（Strum）/JG3）は伝統的な戦術を使って数多くの戦果を挙げているが、その成功は任務に対する姿勢と、部下たちの優れた技術――敢えて説明するなら、密集隊形で接近し、引きつけて撃つという戦い方に依存したものなのだ」と述べている。

　しかし、強襲飛行隊としてもっとも明確な変化は、Bf109G-6に代えて、より重武装、重装甲を誇るFw190A-8"強襲戦闘機"の配備を受けたことだろう。この強襲戦闘機は翼内に2挺のMK108 30mm機関砲を搭載していた。

図中ラベル：

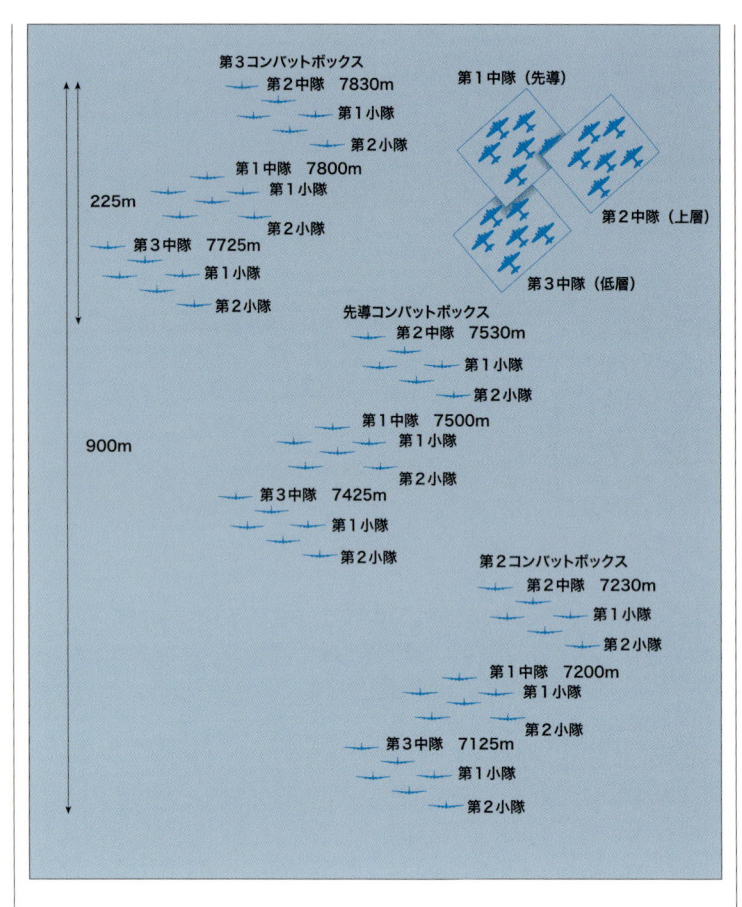

- 第3コンバットボックス
  - 第2中隊 7830m
    - 第1小隊
    - 第2小隊
  - 第1中隊 7800m
    - 第1小隊
    - 第2小隊
  - 第3中隊 7725m
    - 第1小隊
    - 第2小隊
- 先導コンバットボックス
  - 第1中隊（先導）
  - 第2中隊（上層）
  - 第3中隊（低層）
  - 第2中隊 7530m
    - 第1小隊
    - 第2小隊
  - 第1中隊 7500m
    - 第1小隊
    - 第2小隊
  - 第3中隊 7425m
    - 第1小隊
    - 第2小隊
- 第2コンバットボックス
  - 第2中隊 7230m
    - 第1小隊
    - 第2小隊
  - 第1中隊 7200m
    - 第1小隊
    - 第2小隊
  - 第3中隊 7125m
    - 第1小隊
    - 第2小隊

高度差：225m、900m

総数54機のB-17から構成されるUSAAFの標準的コンバットウィングのモデル。場合によってはB-24が混ざることもある。3つのコンバットボックスが（上層、先導、下層）それぞれのポジションを占め、コンバットボックスは、各々6機から成る爆撃飛行中隊3個で編成されている。コンバットボックスの中では、飛行中隊毎に、それぞれ上層、先導、下層のポジションを与えられている。飛行中隊はさらに上層と下層を占める2個小隊に分けられる。大規模な編隊を組むには時間がかかり、厳格な指揮統制が不可欠であるが、非常に高いレベルの相互火力支援によって防御力が増大する。しかし、下層を形成する飛行小隊は、後方攻撃を敢行するFw190からもっとも狙いやすい位置になるため、損害を受けやすかった。それでも、堅牢なコンバットウィングを攻撃するのは、例え護衛戦闘機の姿が無くても、本当に危険な任務だった。

11.（Strum）/JG3所属のヴィリ・ウンガー軍曹は、Fw190A-8について次のように述懐している。

「本機の優れた点は——幅広の降着装置、前方からの攻撃からパイロットを守る大型の複列空冷星形エンジン、電気式スターターおよび電気式トリム調整装置。不満な点は——軟弱地または砂礫地への着陸時における転倒の危険性、装甲鋼鈑搭載による操縦性低下がもたらす敵戦闘機との戦闘、低空では強力だが、高々度戦闘ではBf109に劣る戦闘能力。私見では、このバージョンのFw190は編隊を組んで四発爆撃機(フィーアモッツ)に対抗する上では最良の機体である」

以下はリヒャルト・フランツの回顧である。

「攻撃を仕掛ける前に、我々は敵のやや上空から接近した後に急降下に移る。同時に13mm機関銃、20mm機関砲、両方を一斉射撃して、まずは敵の機尾銃座を叩き、それから150mまで接近した後に、必殺の威力を秘めたMK108 30mm機関砲のトリガーを引く。命中すればB-17の主翼でも粉砕できる。実際のところ、B-24を撃墜するのはかなりたやすい。B-17に比べると、胴体部の防御力と兵装は明らかに貧弱だからだ。他の面に目を向ければ、優れた機体もあるだろうけど、概ね、我々は任務に対して適切な兵装を与えられていたと思う」

第1強襲飛行中隊とIV.（Strum）/JG3で作戦に従事したオーストリア出身の若きパイロット、オスカー・ボッシュの回想も興味深い。

「爆撃機の機銃手は、通常、我々が射程から大きく離れた2,000m以上の距離にいるにもかかわらず阻止射撃を開始して、弾薬を浪費した。彼らが我々を恐れている何よりの証拠である。B-17が作り出すスリップストリームに揺さぶられ、飛行機雲に視界を塞がれながら、我々は攻撃を開始するまでの数分だか数秒だかの間、果てない敵の攻撃にさらされる。コクピットは頑丈な装甲に取り囲まれているが、それでも爆撃機群が展開する防御火力は致命的なのだ」

「我々は常に一列横隊で突撃する。もし単独で同じ事をすれば、爆撃機の濃密な防御火力はその機体に集中するだろう。しかし横隊での突撃隊形ならば、爆撃機の機銃手に与える精神的影響はずっと大きなものとなる。まず最初に心がけるべきは、機尾銃座の機銃手を排除すること。その次に、翼と胴体の接合部を狙い、命中弾が次々に火花を上げる様子をしっかりと確認しなければならない。以上のことはすぐに片付いてしまう。これが君が為すべきことのすべてだ」

「時々、最初の攻撃の後で、全身のエネルギーを搾り尽くしてしまったような感覚に陥ることがある。神経がすり減りきってしまうからだ。でも、敵爆撃機群の真っ只中を飛んでいるとき——飛び抜けるとき——君は"守られている"と感じるに違いないだろう。コンバットボックスにとびこんでしまえば敵機銃手は同士討ちを恐れて攻撃してこない。我々は敵機と衝突寸前になるまで、攻撃の手を止めることはない。30mm機関砲の壮絶な破壊力は、しばしば敵機の一区画を粉砕してしまうほどだ。そんな時は、飛び散る破片の中をかいくぐって飛ぶ羽目になる」

Ⅲ./JG11の飛行隊長アントン・ハックル少佐は、撃墜スコア150機を記録して柏葉付き騎士十字章を授与された、ドイツ空軍きってのエース・パイロットで、「爆撃機キラー」としても知られている。1944年5月20日、ハックル少佐は、ガランドあてに四発爆撃機への対抗戦術に関する彼自身の提案をまとめている。

「敵爆撃機群に対する戦闘機編隊の射撃は、可能な限り遅らせるべきであり、たとえ二次攻撃の可能性を放棄してでも、この攻撃によって、敵は闇雲に弾薬を浪費することになるだろう。また、可能な限り射撃を早める場合は、1分程度の間を置いて、飛行隊単位で次々と連続攻撃を繰り出せる状況であるべきだ」

下左：Ⅱ.（Strum）/JG300所属、ハインツ＝ディーター・グランベルク中尉のFw190A-8が任務を終えて着陸するところ。1944年12月撮影。JG300の部隊識別帯は赤色である。

下右：Stab./JG300所属「青の14」に乗り込み、写真用のポーズをとるヴァルター・ロース軍曹。彼は1944年1月に11./JG3に配属となり、3月6日に最初の撃破（ヘラウスシュッス Herausschss：編隊からの脱落を強いる損害で、撃墜の次にポイントが高い）を記録した。この他にも彼は8機の撃破と、5機の撃墜を記録している。後にロース曹長はStab./JG300、次いでStab./JG301に転属となった。1945年4月20日、彼は騎士十字章を拝受した。通算撃墜スコアは38機で、うち22機が四発爆撃機である。

「第一に、連合軍の護衛戦闘機は、反復襲撃によって迎撃部隊の本隊との戦闘を強いなければならず、連合軍戦闘機が高々度をカバーしていたとしても、対進攻撃に投入されるべき我が飛行隊を阻害する位置にある敵護衛戦闘機を引きはがさなければならない」

「第二に、追撃をかける場合は、なるべく可能な限り増槽を残して飛行することを心がけ、敵編隊を帝国本土の奥深くまで引きずり込むべきである。本土深奥部の上空では、敵の護衛戦闘機は大胆さを失って、弱点を露呈するし、常に彼らが予定空域にスケジュール通りに到着するとも限らないからだ」

「第三に、これらの戦術を駆使するのは、敵編隊を崩壊させるためである。後方からの攻撃なら、腕の悪いパイロットや臆病なパイロットでも戦果が期待できる。対進攻撃で戦果を挙げられるのは、老練(経験豊富)なパイロットだけであり、たいていの場合は、彼らは期待どおりの戦果をあげてくる。未熟なパイロットでは、正しく接近することはもちろん、充分な距離まで飛び込むこともかなわないだろう」

「第四に、我が飛行隊は以下のことを提案する。
1) 東部戦線で撃墜戦果を記録した若手パイロットを、継続的に西部戦線に転属させる。東部戦線を西部戦線の実戦訓練場と見なすのである。
2) 例え弾薬を使い尽くしても、すべてのパイロットは部隊指揮官が戦闘を継続する限り、攻撃編隊に留まること。こうすれば、阻止火力を分散できるし、臆病風に吹かれたパイロットの戦場離脱を防止できる」

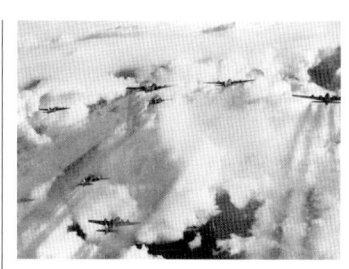

第1強襲飛行中隊のFw190は、写真のような爆撃編隊の後方上空から密集隊形を維持して攻撃を仕掛けるのが常だった。写真は1943年後半、ブレーメンを目指している爆撃編隊を撮影したもの。「MK108機関砲を頼りに、我々は敵編隊に突っ込んでいった。MK108はものすごい威力で、B-17の主翼を吹き飛ばすことさえできた」と、強襲飛行中隊に所属していたリヒャルト・フランツ少尉は証言している。

　1944年夏にまとめられた報告書の中で、第8航空軍の分析官は「たとえ護衛戦闘機の随伴時間を延長しても、比較的小規模で、かつ戦闘の決意を固めたドイツ空軍迎撃機を阻止すること、あるいは長大な縦隊になる爆撃編隊の任意の位置を攻撃してくる敵に備えて護衛を行き渡らせることは不可能である」と、認めている

　1944年5月29日、第8航空軍の爆撃機993機がドイツ中部の航空機製造工場、製油工場、飛行場を攻撃目標として出撃した。護衛戦闘機は1,265機を数えている。機体番号42-31924のB-17G「オールドドッグ」号は、第3航空師団配下251機のうちの1機で、ライプツィヒの航空機工場爆撃に割り当てられていた。サフォーク州ホーハムに基地を置く95BGの第344中隊所属機として、オールドドッグ号はノーマン・A・ウーリヒ少尉のもとで41回目の任務に臨んでいたのだ。

　第1、第3航空師団のB-17はイースト・アングリア上空で編隊を組み終えると、クロマー、グレート・ヤーマス上空を通過してイギリスを後にし、北海上空に飛行機雲を曳きながらハノーヴァーへの最初の経由地であるゾイデル海を目指した。オールドドッグ号の航法手ラルフ・W・スミスバーガー少尉は、

「月曜日の0600時、オールドドッグ号は離陸した。何の問題も起こらなかった。海峡に向かいながら、中隊やコンバットウィング(CBW)が順調に組まれてゆく。この間に、私は地図と海図を確認した。海峡上空で、私は担当の連装機関銃の具合を確かめた。爆撃手のドン・パイン少尉も機首下部銃塔をチェックしていた。機銃手が全員、12.7mm機関銃を試射する小気味良い音が機内に響き渡る様子をぜひ聞かせてみたい。この時は非常

に大きな任務だったにもかかわらず、クルーは全員、疲労していた。つい前日、我々はデッサウへの爆撃任務で全力を出し切っていたからだ。その上、今回のようなドイツ深奥部への爆撃を敢行するとあって、前の夜はなかなか寝付けなかった」

　この爆撃機群を迎撃するために、ドイツ空軍は単発、双発併せて275機の戦闘機を投入した。ほとんどの機体は、0815時の時点で、15分以内に全機出撃できる態勢を整えていた。

　正午が近づき、第3航空師団のB-17が攻撃目標に接近すると、第2、第4CBWの下層グループが「40～60機」のドイツ軍戦闘機に、正面と後方から挟撃された。周辺空域には護衛戦闘機はいなかった。オールドドッグ号のクルーにとって、悪夢のような一日ははじまったばかりだった。この時の様子について、ウーリヒ少尉は、

「目に見える限りの爆撃編隊は総じて単調の一言に尽きる。戦闘機は非常に離れたところを飛んでいたので、最初、敵か味方か識別はできなかった。突然、インターカム越しに「敵戦闘機、10時の方向」の声が響き、窓の外に目を凝らすと、敵機の姿を真正面に捕らえることができた。彼らはものすごい速度で我々に向かってくる。この風景が数秒間続いたかと思うと、世界は突然爆発し、単調な眺めは恐怖一色に塗りつぶされた。私は、突っ込んでくる2機のFw190の姿を忘れることができない。そのうち1機は、我々を的に選び、機関砲を連射した。銃弾が機体を叩くのを感じたが、同時に、Fw190も被弾して、いくつもの部品を機体からばらまいていた。突然、敵機は煙を出しはじめ、パイロットがコクピットから脱出して落ちて行く姿を、この目に焼き付けた。この攻撃は、ほんの数秒間の出来事だった」

「その合間に、Fw190は我々に対し、見事にやってのけたようだった。プレキシグラス製の機首が爆発した瞬間は忘れられない。敵の機関砲弾がコクピットの操縦機器も粉砕していた。第2エンジンも命中弾を受けて、風車同然になっていた。無線区画と爆弾倉も破壊されている。胴体左側方銃座は沈黙し、機銃手の（ユージーン・H・）バフラー軍曹は負傷している。左の水平尾翼もごっそりと持っていかれた。潰れた機首と風車状態になった第2エンジンは、機体に深刻な空気抵抗となっていて、今にも空中で停止してしまいそうだった」

　最初の敵戦闘機の攻撃で半身不随状態になった機体を見たオールドドッグ号のクルーは、パラシュートを引っ張り出して、脱出の準備に取りかかった。無線手のノーマン・H・フィリップス軍曹の証言。

「私は目の前に迫る死の現実に恐れおののき、脱出するのをためらった。パラシュート事故に繋がるピンの不具合をチェックする間もなく飛び降りるなんて、はじめての事だったからだ」

B-17Gの機内にすし詰めになって、自分のM2 12.7mm機関銃を分解整備している第8航空軍の機銃手たち。機銃手は、日常の手入れの重要性を徹底的に教え込まれ、はじめての任務を終えた後は、彼らの命が機関銃の信頼性に依存していることを思い知る。写真では、銃身に機関銃ごとの配置場所――無線室、右アゴ（機首下部銃塔のこと）、左アゴ、機首左――が描かれている。

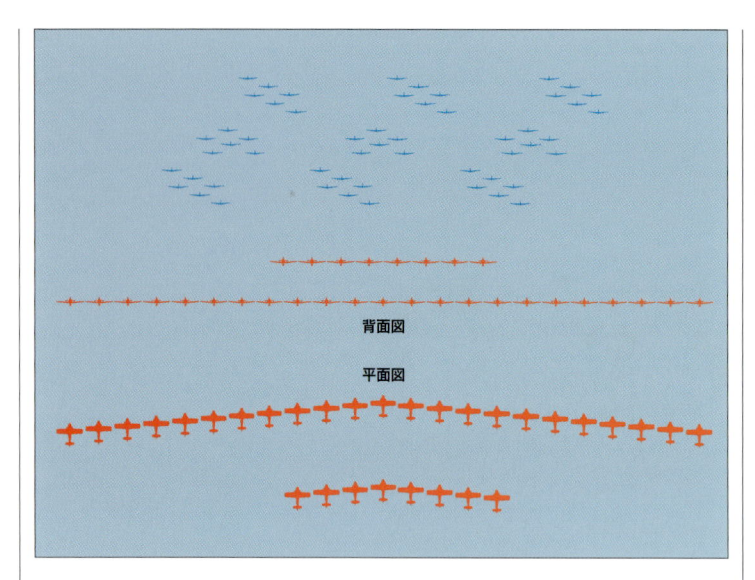

B-17編隊を攻撃する際の強襲飛行隊の密集隊形を、背後と上方から見たモデル。強襲飛行隊は、3個中隊と司令部小隊（3機）で編成され、一列横隊で爆撃編隊の後方から突撃した（連合軍側ではこの横隊を「カンパニー・フロント」と呼んでいた）。強襲飛行隊のFw190を護衛する戦闘機隊──通常はBf109──は、Fw190の上空後方で警戒にあたっていた。

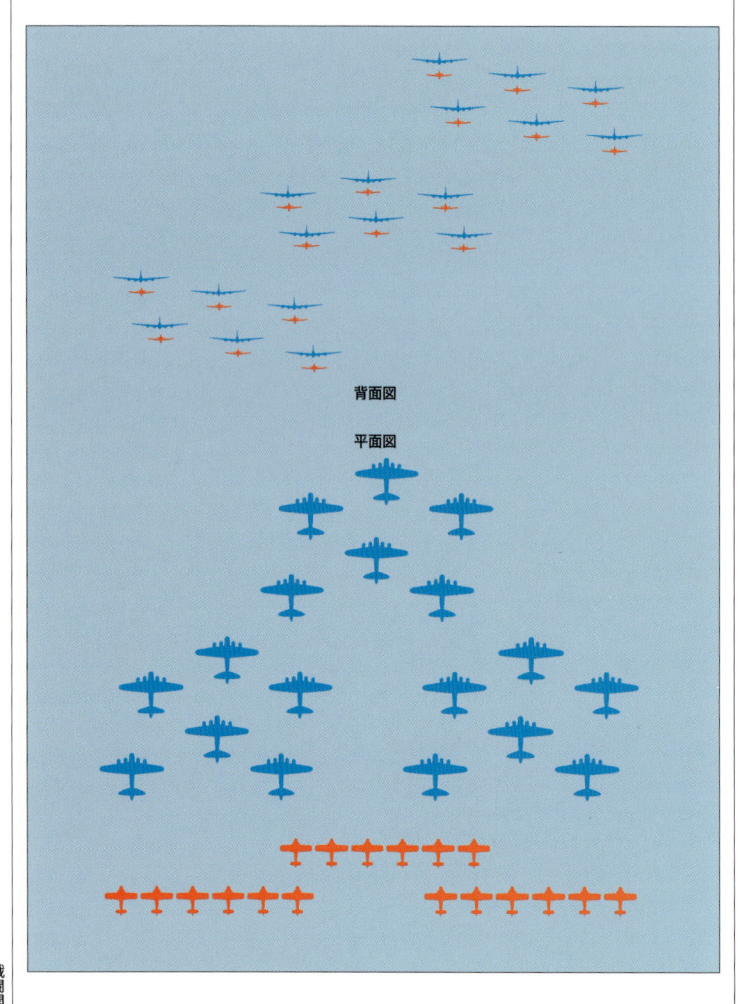

背面図

平面図

B-17編隊に充分接近した後は、強襲飛行隊は3つに分離する。理論上は、Fw190各々が低層、先導、上層位置それぞれのB-17に狙いを定めることになる。攻撃を終えて敵編隊を飛び越えたFw190は、2度目の攻撃準備に着手する場合もあった。

背面図

平面図

戦闘開始

62

敵との接触

　Fw190A-7からA-9は、レヴィ16B反射式射撃照準器を搭載している。この照準器は、戦闘時の状況に応じてパイロットに敵機との方向偏差を求めるものだったが、実際は、敵機を真正面に捕らえ、方向偏差が最小となった近距離交戦時になってどうにか役に立つ程度の性能でしかなかった。したがって、B-17を撃墜するには、かなり高度な操縦技術が求められていた。フライングフォートレスを左右側面ないし後方から攻撃しようとすれば、B-17単騎だけでも機尾銃座、上部動力銃塔、球状動力銃塔の他、側方銃座からの激しい射撃に見舞われることになるだろう。Fw190のパイロットは、この防御射撃に耐えつつ、自らの射撃技術を頼みに立ち向かわなければならない。

　1944年に作製された、機体後方からの攻撃に関する手引き書は、パイロットに次のように指導している。

「君の機体は君の武器である。だから君はその能力を完璧に引き出さなければならない。操縦技術や適切な戦術行動はもちろんのこと、射撃術の原理を知り、それを適切に応用することが成功の鍵なのだ」

「射撃を開始するのは、その武器の有効射程範囲でなければならない。通常、目標から400m以上離れた距離で射撃してはならない。弾道がひどく乱れてしまうからだ。これはMK108機関砲のような大口径火器でも同じである。大口径の武器は、遠距離から撃っても命中するなどという誤解が広く信じられている。ましてや、小口径の機銃などより狙いが雑でも命中しやすいなどと考えるのは大きな間違いで、事実はむしろその逆だ！　弾丸はわずかしかないのだから、くれぐれも倹約すること！　MK108機関砲はたった60発しか弾丸を搭載できない。だから、なるべく敵に近づき、慎重に狙いを定めて、正確な射撃を心がけなければならない」

「射撃を開始できる最大射程距離は400mである。空戦時の体感交戦距離が低く見積もられすぎる傾向があることは、経験上はっきりしている。戦闘報告書に書かれる交戦距離は正確ではない。例えば、戦闘報告書に交戦距離50～100mと記載されていた場合、実際は200～400mというのが当たり前で、この現象は戦闘記録映像によって分析されている。交戦距離の見積もり違いは、しばしばひどいミスを生じる。爆撃機を攻撃する際に、多くの戦闘機パイロットは2,500～3,000mもの距離から射撃をはじめてしまう。これは弾薬の無駄遣いに他ならない！」

「四発爆撃機の全幅（全翼長）は約30mである。これを照準器の方向偏差サークルの直径いっぱいに収めたときの距離が300mだ。これを分かっていれば、四発爆撃機を対象としたとき、全幅30mの機体は3の倍数で見積もることができる。このため、全幅30mの機体が照準器のサークル内いっぱいに収まっている時の距離は300m。1/2の大きさの時は距離は2倍になるから600m、同様に1/3の大きさの時は900mとなる」

「以上を肝に銘じて、あらゆる機会をいかして距離感覚を養うこと。そうすれば、戦闘中にひどい過ちを犯すことはない」

63

344BS/95BG所属のB-17Gオールドドッグ号で戦った8名のクルー。写真が撮影された1945年4月までの間、彼らはモーゼブルクで戦時捕虜となっていた。前列左から、ラルフ・スミスバーガー、ジョージ・レイフ、ノーマン・ウーリヒ。後列左から、ルビン・シュールマン、ノーマン・フィリップス、ユージーン・ブーラー、レオン・アンダーソン、ノーマン・ハインズ。

——機を捨てて脱出せよ——そんな意味の緊急警報がけたたましく鳴り響いていた。ところが、インターカムを通じて、コクピットから脱出中止の命令が聞こえてきた。オールドドッグ号はまだ飛行可能だというのだ。しかし、破壊された機首に吹き込む気流の乱れや、破損したプロペラをはじめ、機体各所の損傷箇所が抵抗となり、オールドドッグ号は編隊を維持できなくなって、単独飛行を強いられた。機体はぼろぼろで、死にかけていたが、それでもどうにか飛び続けてはいた。

ウーリヒ機長は、高射砲と敵戦闘機から逃れるために、高度を8,800mから可能な限り大きく下げた。それから、機に留まろうという同意をクルーから取り付けると、現地点から最も近い友好的な地域として、中立国スウェーデンに向かうことを決め、進路を変更した。機関銃、弾薬、防弾服、無線装置、パラシュートなど、無駄な重量物は、次から次へと機外に放り出された。球状銃塔まで切り離されている。ウーリヒは述懐する。

「我々は、木をこすりかねないほどの低空を飛行していた。地面から15m以上の高さを飛ぶことはできなかった。オールドドッグ号はどうにかエンストしない速度で、不安定かつでたらめな飛行を続けていた。プロペラ後流でざわめく木々の葉の様子まで確認できた。このまま空中に浮かんでいられるとは思えなかった」

同じ頃、IV.(Strum)/JG3所属のFw190が、迎撃任務を終えてザルツヴェデルの基地に帰還する途中だった。そのパイロットのひとりが、数週間前には第1強襲飛行中隊に加わっていたカール＝ハインツ・シュミット伍長である。5月8日の時点で、彼は3機の撃墜記録を認められていた。ザルツヴェデルが視界に入ってくる頃、彼は損傷したB-17を発見し、これを仕留めるために、機体を翻した。ウーリヒの証言は続く。

「編隊を離れておよそ1時間ほどした頃、我々は森林地帯を抜けたと同時に、ドイツ空軍の飛行場の真上に出てしまった。上部動力銃塔の機銃手（レオン・E・）アンダーソン軍曹は、滑走路の外縁を走行中の緑色のトラックを掃射し、私は命中したと思った。飛行場を飛び去って間もなく、我々の前方上空に、機体下部に燃料タンクを装着した戦闘機が2機いるのを発見したクルーの叫び声が、インターカムから響いてきた。私が第一発見者

ではなかったこともあり、戦闘機の機種まで見分けることはできなかった。我々はそれが友軍の護衛機であると判断して、彼らに気付いてもらうために、高度500mまで上昇した」

「ところが高度を稼いでみると、2機の戦闘機は唸りを上げながら我々に向かって突っ込んできた。この時にようやくFw190だと気付いた私は、即座に高度を落として、やり過ごそうと試みるとともに、上部動力砲塔が作動する余地を作った。最初のFw190が対進攻撃を仕掛け、飛び去っていった。本機の右側を抜けていったようだ。アンディは接近してくる敵機に対して射撃を開始した。ほんの刹那、機関砲弾が動力銃塔を食い破り、これを破壊した。負傷して血塗れになったアンディが操縦席に転がり落ちてきた」

「Fw190は我々の操縦席の右手を飛び去るや、翼を翻した。旋回して二度目の攻撃を仕掛けようというのである。唯一の銃塔は破壊されて、機銃手も負傷している。いよいよ最期の時が来たことを悟った。このままでは我々は間もなく撃ち落とされて、炎に包まれる。私は副操縦手のジョージ・D・レイフに、降伏の意を表すために、降着輪を出すように命じた」

「こんなやりとりをしている間に、2機目のFw190が横方向から突っ込んできた。しかし、すんでの所で敵パイロットは我々が降伏しようとしていることに気付き、機体を翻して、我々の機首をかすめて飛んでいった。敵パイロットに触れられるのではと錯覚するほど、この時の互いの距離は近かった。Fw190は飛行を続けている我々を取り囲み、コクピットの中で敵パイロットが着陸指示をジェスチャーきたので、我々も同じようにして合図を返した」

この時の様子は、かつてカール=ハインツ・シュミットとは第1強襲飛行中隊で翼を並べていたオスカー・ボッシュも証言している。

「シュミットの話では、平地の上空500mのところで、酷い状態のB-17の機影を確認したとのことだった。彼は、ザルツヴェデルに帰還する途中、この敵機に対処したのだ。シュミットは敵機の脇に付いて、着陸するように指示を出した。ややためらう様子が見られた後、敵機は農地に胴体着陸した。ザルツヴェデルに帰投したシュミットは、B-17の着陸地点まで車を飛ばして、"歓迎会"を開いたそうだ。この時はまだ、紳士の戦争という気分が残っていたのだろう」

パッケブッシェという名の町にほど近い農場に向かって高度を落としたオールドドッグ号では、ウーリヒ機長の指示でレイフが降着輪を伸ばして、エンジン停止の準備にかかっていた。しかし、まだこれで終わりではないことを、彼らは分かっていた。第2エンジンはいまだに抵抗になっていたので機首が重く、さらに悪いことに、右の降着輪がうまくロックされていなかったのである。

ウーリヒをはじめ、クルーたちは不時着の衝撃に備えて身構えた。

「農場に着陸すると同時に、第2エンジンがナセルから吹き飛んで、ロケットのように火を噴きながら数百メートルも転がっていった。いまにも機体が炎に包まれるのではないかと考え、身がすくむ様な思いだった。第2エンジンの破損部からは、ガソリンが漏れだしていたのが見えた。ところが、次に何が起こるか予測する間もなく、オールドドッグ号は突然滑走をやめて乱暴に停止すると同時に、機首を地面に突っ込んで、直立してしまったのだ。転倒する——誰もがそう思ったが、機体はまた元の姿勢に戻っ

次ページイラスト解説
JG300司令官、ヴァルター・ダール少佐の乗機Fw190A-8/R2機体番号170994「青の13」が、僚機ヴァルター・ロース軍曹の「青の14」とともに戦闘航空団を先導して、303BG所属の39機からなるB-17編隊に突撃する場面。1944年8月15日、ビットブルク上空でのワンシーンで、爆撃機群はヴィースバーデン飛行場の爆撃を終えて帰還するところを襲われた。1146時、ダール少佐は通算74機目の撃墜を記録——犠牲になったのは、退却行に移ってから45分後に撃墜されたB-17Gだった。その1分後、ロース軍曹もB-17を1機撃墜している。Fw190は後方上空から低層のB-17に向かい、太陽を背にして「迅速かつ濃密な攻撃」で襲いかかったと評価されている。イラストは、その低層を飛行中だった358BS所属の13機のうち、最下層の3機が激しい攻撃にさらされている場面である。うち1機が、機長オリバー・B・ラーソン少尉のB-17G 44-6086「マイ・ブロンドベイビー」号である。この機の右翼は攻撃を受けて破壊され、セッフェルン近郊に墜落した。ジョン・D・ドレーブス少尉は戦死したが、ラーソン少尉をはじめ、他のクルーは脱出に成功し、全員捕虜となった。

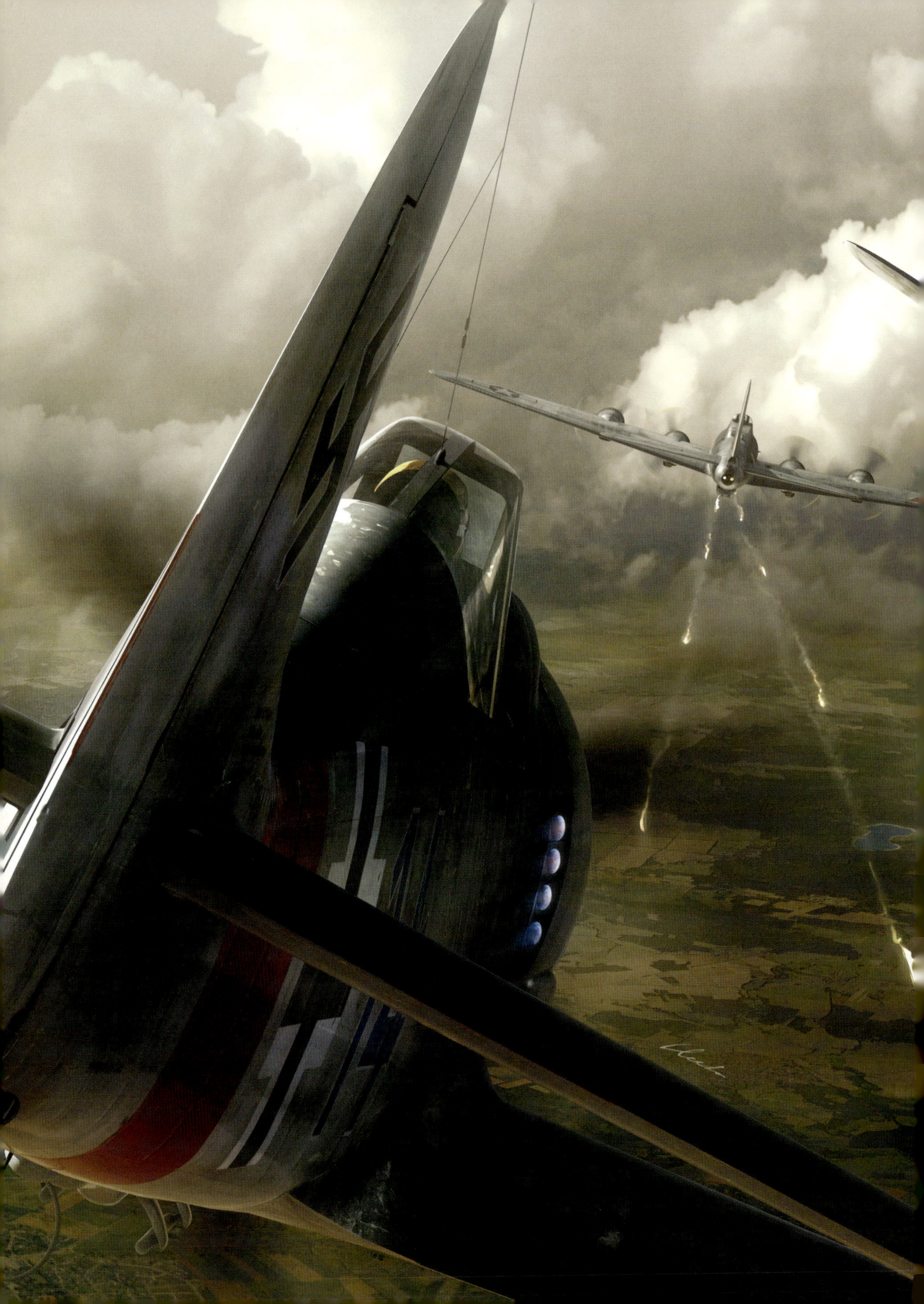

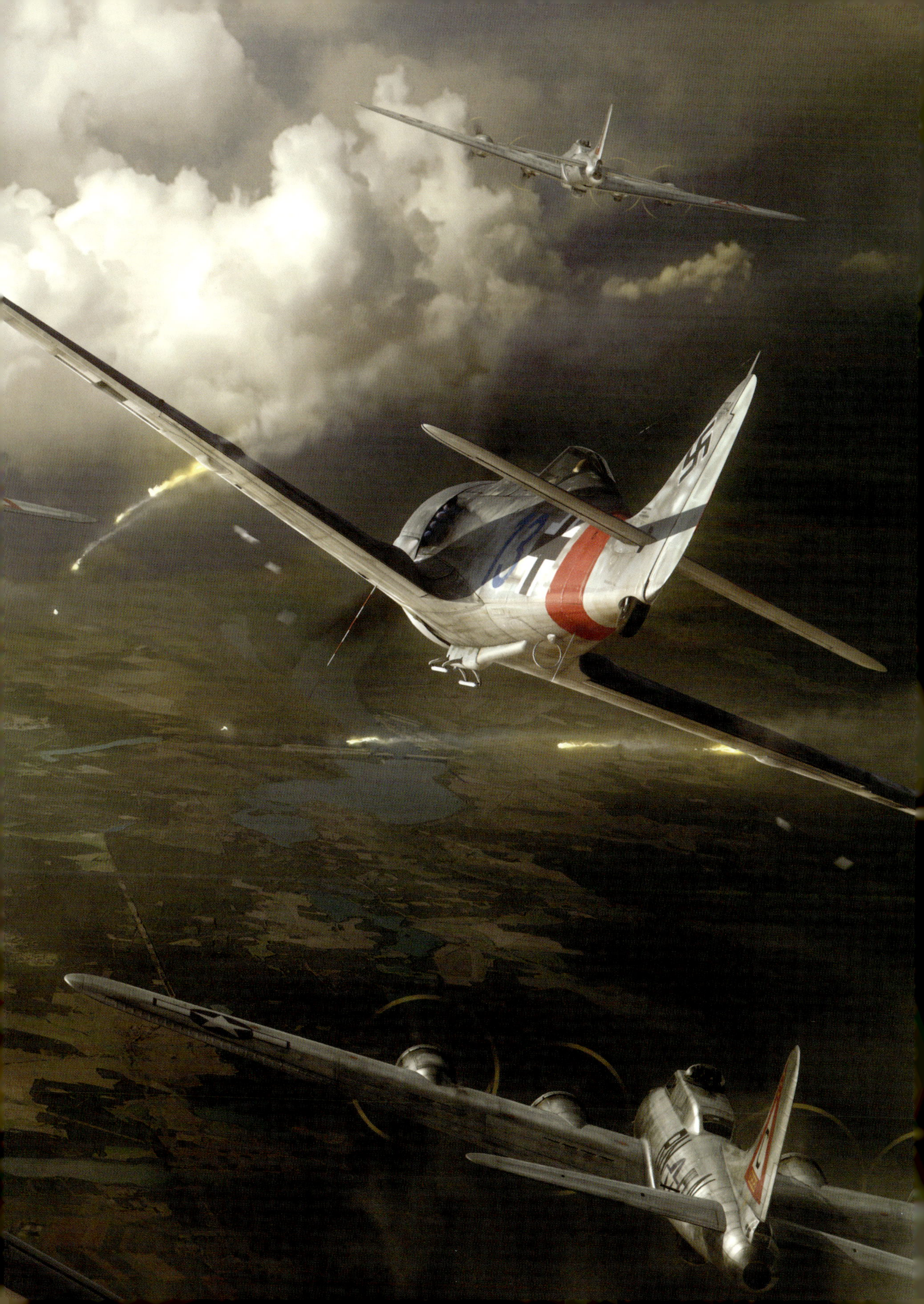

1944年5月29日、パッケブッシェ近郊の農場に墜落した、344BS/95BG所属のB-17Gオールドドッグ号。これを撃墜したのは、Ⅳ.（Strum）/JG3所属のFw190パイロット、カール＝ハインツ・シュミット伍長による対進攻撃だった。「彼のFw190は、我々の操縦席を掠めて右側を飛んでいった」と、生還したB-17Gのクルーは証言している。

ていった。機首に誰もいなかったことを、神に感謝した。アンディは私とジョージの間にいたし、残りのクルーは無線区画に集まっていたのだ」

「機体が停止すると、私は直ちにクルーに脱出を命じた。窓の外を確認すると、まだ火災は発生していなかった。上空では2機のFw190が旋回している。開いたパラシュートに信号弾を撃ち込んで、機体を焼いてしまおうかととっさに考えたが、まず優先すべきは、クルーが無事に脱出を終えるのを確認することだった。クルーには、決して逃亡しないように命令した。そんな事になれば、上空のFw190の機銃掃射で、我々は皆殺しにされるだろう」

次から次へと、クルーは胴体側面のドアから飛び出すと、急いで機体から離れた。爆発を恐れたからだ。ようやく一息つくと、興味深げな様子の野次馬が集まっていることに、ウーリヒたちは気が付いた。

「老人や少年ばかりが集まっていた。彼らは第一次世界大戦時代よりも昔の骨董品のような散弾銃や、鍬、熊手、棒切れなどを手にしていた。12歳以上の少年がいたようには思えない。住民が集まっているのを確認すると、Fw190は飛び去っていった。彼らが我々に敵意を露わにするような様子はなく、思うに、きっとこれが、パッケブッシェの住民にとって、はじめて接する実際の戦争だったのだろう。彼らは我々を取り囲み、町まで同行した。そしてパッケブッシェに到着すると、そこで我々は留置所に入れられた」

間もなく、負傷者の容態を確認するために医師が到着し、地元の女性たちがリネンを持ってきてくれた。包帯代わりにするためだ。この時、彼らには思いも寄らないことが起こったと、ウーリヒは述べている。

「建物の外で、自動車が停車しドアが閉まる音がした。そしてドイツ空軍の4名の兵士が建物に入ってきた。そのうち2人は青い制服を着ていたの

で、士官のように見えた。他の2人は茶色の革製ジャケットとマルチポケットが付いたズボンを着用していたので、すぐにパイロットだと分かった。パイロットの一人が前に出て、"機長はどなたか？"と聞いてきたので、私は用心しながら名乗り出た。その時彼が見せたのは、私がまったく予期していない反応だった。彼はピシッと両踵をあわせると、私に向けて、鋭く見事な敬礼をすると同時に、腕を伸ばして握手を求めてきたのだ。私がその手を取ると、彼は自分が最後に命中弾を与えたパイロットであると告げた。シュミットと名乗ったその下士官は、私たちの機を含め、3機の四発爆撃機を撃墜したことを付け加えた」

「私は、すでにライプツィヒ上空でエンジンを破壊されていたことを彼に告げたので、もし彼が誠実であれば、今回の彼の記録は共同撃墜ということになる。私の言葉を聞くと、シュミットはこれを聞いていた同僚の下士官に向き直った。この時の会話は、まるで敵味方のサッカーチームの選手同士が、試合内容について話し合っているような雰囲気だった。彼は私に悪意を持つようなことはなかった——彼はただ、自身の任務をこなしているだけだった」[訳註11]

　後に軍曹に昇進したカール＝ハインツ・シュミットは、1944年8月3日、B-24爆撃機に対する迎撃に出撃した際に、防御射撃につかまってしまった。この時の戦いで、彼は行方不明者リストに名を連ねることになった。

訳註11：ドイツ空軍の戦闘機部隊では、昇進や褒賞の基準の大部分は撃墜スコアに拠っていた。敵の単発戦闘機を1機撃墜したら1ポイント（と2級鉄十字章）を与えるというのが基準であり、爆撃機については任務の困難さを考慮して、四発爆撃機を撃墜したら3ポイント、ヘラウスシュッツ（撃破：編隊からの脱落を強いるほどの損害を与えること）には2ポイント、そしてエントギュルティーゲ・フェアニヒトゥンク（撃破状態で落後した敵機にとどめを刺して撃墜すること）の場合には1ポイントを与えることになった。これが双発爆撃機の場合は、それぞれ2、1、0.5ポイントに換算される。

統計と分析
Statistics and Analysis

　USAAFの調査によると、1942年8月から11月にかけての時期、ドイツ空軍はB-17への対抗戦術として後方からの攻撃を実施するよう決めている。しかし12月から翌年の1月にかけては、対進攻撃が主流を占めていた。1943年2月と3月には、直上からの攻撃が増えたが、4月から6月になると直上からの攻撃は減って、後方からの攻撃が目立つようになり、この間も、対進攻撃は一定の割合で確認されていた。1943年7月から12月は、後方攻撃がもっとも増加した時期で、関連するように対進攻撃が減少しているが、これが1944年1月から5月になると、後方攻撃の割合は1月の51%から5月には31%にまで落ち込む一方、対進攻撃は1月の22%から、5月には44%と増加傾向がはっきりと確認できる。そして1944年7月から9月には、対進攻撃は劇的に減少する。

　1943年1月を対象に行なわれた最初の分析では、重爆撃機に対する戦闘機の攻撃は37%が機体下方から、63%が上方からのものであることが分かった。同年12月にかけては、下方攻撃の割合が徐々に増加して、12月には54%、一方、上方攻撃は46%と逆転している。以降は、下方攻撃の割合は46%前後で停止している。

　ドイツ軍側に目を転じてみると、1943年1月から7月にかけての時期、単発戦闘機の生産数は増加を続け、月産では480機から800機までの増加している。これに修理機の数を加えると、月産の戦闘機数は1,000機程度となる。7月1日の時点で、ドイツ本土および西ヨーロッパ上空に出撃可能な単発戦闘機の数は約800機だったが、戦闘損耗の上昇に伴い、この数を維持するのが困難になっていた。例えば、1943年7月における（全戦線での）戦闘機喪失割合は31.2%に達し、単発戦闘機のパイロットは（理由を問わず全戦線において）330名、16%が失われている。これは6月の84名、5月の64名と比較すると、著しい対照を為している。とりわけ深刻なのが、経験豊富な指揮官クラスの損失増加である。

　1943年12月に作製された報告書において、第I戦闘兵団は「数で劣る我がドイツ空軍の昼間戦闘機隊の戦力では、アメリカ軍の大規模な爆撃機群の阻止はもちろんのこと、決定的な損害を与えることも困難である」と認めている。

　第I戦闘兵団の担当戦区に対してUSAAFが投入している攻撃戦力は、ドイツ軍の単発、双発昼間戦闘機に対して、3：1の優勢を維持している。

　1944年1月を通じての、北西ヨーロッパにおけるアメリカ軍の爆撃作戦はドイツの港湾施設や産業施設を狙ったものであり、曇天時には誘導機を投入して、徹底的に実施された。1月11日は、唯一、晴天に恵まれた中での大規模な爆撃作戦となった。しかし、実際の天候は気まぐれで、663機の爆撃機群は悪化する状況のなか、ドイツ中枢部にある航空機製造工場を

後方上空（7 o'clock High：セブン・オクロック・ハイ）からB-17に迫るFw190。写真のB-17はすでに左翼内側のエンジンが損傷して火災が発生し、高度を下げていることがわかる。すでに攻撃を受けて、編隊から取り残されてしまったのだろう。ひとたびコンバットボックスから脱落して単独になったB-17は、簡単に餌食にされてしまう。

はじめとする産業拠点への爆撃を敢行した。これは「ドイツの軍需および経済システムの中枢破壊を推し進める」ことを狙ったポイントブランク作戦の開始の合図でもあった。

この日、ドイツ空軍は延べ出撃数で239機しか繰り出せなかったが、それぞれ第2次シュヴァインフルト空襲以来となるもっとも激しい抵抗だった。この爆撃任務が終わったとき、USAAFは爆撃機60機、投入戦力の11％を喪失し、19％の喪失を被ったウィングもあった。第I戦闘兵団は撃墜21機、全損機は19機であり、60％が何らかの損害を受けている。

1944年2月、本土航空軍は、「ドイツ空軍の単発、双発戦闘機（第I戦闘兵団）の総戦力を1とすると、アメリカ軍の（爆撃機と戦闘機）総戦力は3.6となる。同様に、アメリカ軍の戦闘機だけを見ると、我が軍に対して1.6となる」という内容の数量分析を提出している。

同年2月、第I戦闘兵団は延べ2861回の出撃を記録し、月末の時点で299機、10.3％の機体を喪失している。

4月は中休みにもならなかった。同27日の時点で、489名のパイロットが失われ、補充は396名に留まった。アドルフ・ガランドは「アメリカ軍によって我が戦闘機隊が強いられている苦戦の最大の原因は、すべて制空権に帰結する。敵が我が物顔で空を飛び回ることで、状況はすでに決してしまっている。昼間戦闘に投入可能な彼我の戦力差は、概算でも6倍から8倍に開いているし、彼らが受けた訓練水準は驚くほど高い」と、大手生産業者に対して警告を発している。

1944年3月～4月の戦力バランスに関して、第I戦闘兵団は「1944年3月時点で、ドイツ空軍の単発、双発戦闘機（第I戦闘兵団）の総戦力を1とすると、アメリカ軍の（爆撃機と戦闘機）総戦力は7.5となる。4月時点では、ドイツ空軍の単発、双発戦闘機（第I戦闘兵団）の総戦力を1とした場合、アメリカ軍の（爆撃機と戦闘機）総戦力は4.4となる。同様に、1944年3月時点でアメリカ軍の戦闘機だけを見ると、我が軍に対して3.6となり、4月時点では2.2となる」と、両軍の戦力比率を見積もっている。

5月15日、ガランドがゲーリングに提出した報告の中で、4月の昼間作戦機減少幅は、本土防空軍が38％、第3航空艦隊が24％、第2航空艦隊が18.2％、第5航空艦隊12％、第4、第6、第1航空艦隊が11％となっている。

また、この月には489名の戦闘機パイロットが失われ、補充は396名だった。

一方、連合軍司令部の作戦分析課で作製した報告書によれば、1944年3月から4月にかけて、第8航空軍はドイツ空軍戦闘機の迎撃によって398機の爆撃機を喪失している。比較として、作戦開始から12ヶ月間の喪失数は351機である。4月から11月の期間では、月に平均100機の割合で、爆撃機が戦闘機によって撃墜されている。しかし1944年に入り、爆撃作戦の規模が加速、拡大の一途をたどると、作戦実施に伴う実質的な損害は減少に転じる。1942年8月から1943年12月にかけての時期は、戦闘機によって撃墜される爆撃機の割合は4%だったが、1944年前半の半年間に被った損失は1.4%に減少し、さらに続く3ヶ月間は平均0.5%になっている。しかし、「敵戦闘機に備えて採用した各種防御措置が無かったとしたら、以上の損害率は、おそらく減少ではなく増加に転じていただろう。なぜなら、改良を重ねられた敵戦闘機の戦術は、以前より少なくとも2倍以上の危険性を秘めていたからだ」と指摘するのを忘れてはいない。

1944年夏に実施されたB-17のクルーへの調査では、75〜85%もの機体が、エンジン不調、火災、爆発、プロペラ破損などを原因とする脱落を経験していることが明らかになった。

激しい損耗に苦しんだ夏の戦いと、連合軍によるフランス侵攻に直面したOKLは、それでも1944年9月には戦闘機隊の主任務を「友軍支配地域上空の制空権確保と、昼夜におよぶ敵空軍機の破壊」であると定め、これを促進している。しかし現実は、制空権の「確保」以前に、対等の状況を作ることが急務であり、それどころか、1944年秋にはもう、戦闘機隊は連合軍の空軍力の前に圧倒されていたのである。

1944年6月28日、ライプツィヒ空襲任務の帰路、ウッドブリッジ飛行場に緊急着陸した427BS/303BG所属のB-17G 42-97391「アニー・マクファニー」号は、RAFの消火チームに助けられた。右翼内側のプロペラが損傷しているのが分かる。1944年夏までに、かなりのB-17がエンジン火災で失われている。写真の機体はこの事故のあとサルベージされて、4月22日から303BGに引き渡された。

第8航空軍所属重爆撃機の損失　1942年8月〜1944年9月

期間	爆撃機の損失数	攻撃参加機数に占める損失割合
1942.8〜12（5ヵ月）	31	4.0%
1943.1〜4（4ヵ月）	87	5.5%
1943.5〜8（4ヵ月）	369	6.4%
1943.9〜12（4ヵ月）	516	4.4%
1944.1〜2（2ヵ月）	425	3.5%
1944.3〜4（2ヵ月）	659	3.5%
1944.5〜6（2ヵ月）	540	1.4%
1944.7〜8（2ヵ月）	464	1.2%
1944.9（1ヵ月）	248	1.6%

写真のFw190A-8（Stab/JG300所属機）のカウリングには、照準器に捕らえられたB-17のイラストが描かれている。任務を終えたパイロットが機を降りる場面だろう。1944年末期にこのイラストを使用していた機体は、ヴァルター・ダール少佐の「青の13」だけだったと言われている。

ドイツ空軍のB-17撃墜数上位者リスト

	所属部隊	総撃墜数	撃墜数（重爆撃機）	B-17撃墜数
ゲオルク＝ペーター・エデル少佐	JG51,JG2,JG1,JG26,ノヴォトニー部隊,EJG2,JG7	78	撃墜確実36	?
アントン・ハックル少佐	JG77,JG11,JG76,JG26,JG300	192	撃墜確実34	?
コンラート・バウアー中尉	JG51,JG3,JG300	57	32	?
ヴァルター・ダール中佐	JG3,JGz.b.v,JG300,EJG2	128	30	?
エゴン・マイヤー中佐	JG2	102	26	21
ヘルマン・シュタイガー少佐	JG20,JG51,JG26,JG1,JG7	63	25	撃墜確実21＋3HSS
フーゴー・フレイ大尉	LG2,JG1,JG11	32	25	19
ハンス・エーラース大尉	JG3,JG1	55	24	18+3HSS
アルヴィン・ドップラー少尉	JG1,JG11	29	25	16
ヴェルナー・ゲルス中尉	JG53,第1突撃中隊,JG3	27	22	16+1HSS
フリードリヒ＝カール・ミューラー少佐	JG53,JG3	140	23	15
ハンス・ヴェイク大尉	JG3,東部錬成大隊,EJG2	36	22	15+4HSS
ヴァルター・ロース上級曹長	JG3,JG300,JG301	38	22	?
エミール＝ルドルフ・ショノール少佐	JG1	32	18	15
アドルフ・グルンツ中尉	JG52,JG26,EJG2,JG7	71	19	14+1HSS
フーベルト・フッペルツ少佐	JG51,JG1,JG5,JG2	78	17	13
ヴィリ・ウンガー少尉	JG3,JG7	24	21	13+1HSS
クラウス・ノイマン少尉	JG51,JG3,JG7,JV44	37	19	12+1HSS
ジークフリート・ツィック上級曹長	JG11	31	18	12+1HSS
ギュンター・シュペヒト少佐	ZG26,JG1,JG11	34	15	12
ハインツ・ベーア中佐	JG51,JG77,南部錬成戦闘大隊,JG1,JG3,EJG2,JV44	221	21	11+2HSS
ウィルヘルム・キエンチュ中尉	JG27	53	20	11+2HSS
エルヴィン・クラウセン少佐	LG2,JG77,JG11	132	12	11
ハリー・コッホ大尉	JG26,JG1	30	13	10+3HSS
ゲルハルト・ゾンマー大尉	JG1,JG11	20	14	4
フランツ・ルール中尉	JG3	37	14	10+1HSS
ヴァルター・オーシャウ大佐	JG51,JG3,JG2,JG1	125	14	11
ヴィリ・マクシモヴィッツ上級曹長	第1突撃中隊,JG3	27	15	10+2HSS
ハンス＝ハインリッヒ・ケーニッヒ大尉	ZG76,NJG3,ヘルゴランド戦闘中隊,JG11	28	20	10+2HSS

HSS：ヘラウシュシュス（編隊から脱落を強いる損害）

戦いの余波
Aftermath

　1944年秋になると、実質的にドイツの空は連合軍戦闘機が支配するようになっていた。本土防空作戦に投入される戦闘航空団の損害は30%に達し、それと引き替えに連合軍に与える損害の割合は0.2%以下に留まっている。

　1945年を迎えた元日の早朝、ドイツ空軍は最後の死力を振り絞って、ヨーロッパ北西部に設けられた21ヵ所の連合軍飛行場に対する低空侵攻奇襲作戦を実施した。「ボーデンプラッテ」と名付けられた作戦は、徹底した情報秘匿のもとに準備が進み、10個の戦闘航空団から40個の飛行隊が投入されている。戦争のこの段階になって実施する作戦としては、極めて大胆であり、終了直後は絶大な奇襲効果もあってかなりの戦果を挙げたと見なされた。合計388機もの連合軍機が撃破ないし損害を受けたと信じられたのである。しかし、代償として、ドイツ軍は自ら墓穴を掘ったに等しかった。作戦に投入された戦力のうち、合計271機のBf109とFw190が失われ、さらに65機が損傷を受けた。被撃墜機の多くは、低空飛行に不慣れで経験が浅い若年パイロットが占めていたが、彼らは早朝の哨戒任務にあたっていた連合軍戦闘機の恰好の餌食にされたのである。

　ドイツ空軍は、143名の戦死、行方不明者の他、負傷者21名、捕虜70名の人的損害を出した。この中には、戦闘航空団司令官3名、飛行隊長5名、飛行中隊長14名が含まれている。

　爆撃機に対する戦争はさらに絶望の度合いを増す。1945年3月、ゲーリング国家元帥は、「生還の望みが極めて低い」任務への志願パイロットを募りはじめた。戦闘機の密集隊形で敵爆撃機群に接近するところまでは従来どおりだが、撃墜を確実にするために体当たりを敢行するという絶望的な作戦計画が練られていたのである。この作戦——「ヴェアウォルフ（人狼）」への志願兵募集の呼びかけに対して、一説では2,000名が志願して署名したと言われている。

　訓練部隊から集まった多くの志願兵が、ヴィリ・マクシモヴィッツ曹長から簡潔な説明を受けた。マクシモヴィッツ曹長は、第1強襲飛行中隊、IV.（Strum）/JG3に着任して、15機の四発爆撃機を撃墜した、恐れ知らずのパイロットである。訓練には、士気高揚のための映画鑑賞や、反ユダヤ思想、共産主義思想の危険性を強調する思想教育まで含まれていた。しかし、訓練のほとんどはこのような政治教育だったというのが実情で、戦術教練はごくわずかだった。

　事態が好転するように願いを込めて、「エルベ特別攻撃隊」というコードネームを与えられた志願兵搭乗機は、爆撃機群の飛行高度のさらに上空1,500mに待機して、攻撃の機会をうかがう。特別隊のパイロットは、目標には、長い行程を伴う緩降下で接近し、なるべく太陽を背にして目標の

1944年4月末、ザルツヴェデルにて、第1強襲飛行中隊のFw190A-7の翼に腰掛けて休憩中の整備兵たち。写真の機体は300リッターの落下式タンクを装着し、部隊識別用としてスピナーには渦巻き模様、機尾には黒、白、黒の識別帯が描かれている。

後方から突入するように指導されていた。射撃は最大射程から行ない、敵機尾部から胴体にかけての部位に体当たりするまで続けることとされていた。可能であれば、この時にパイロットは脱出を試みられる。敵戦闘機との交戦は極力避け、攻撃を受けたらなるべく上空に逃げることとされた。

　1945年4月7日、エルベ特別攻撃隊に所属する120機が、ヘッドセットから女性の声で聞こえてくる愛国的スローガンに促されて離陸を開始した。ドイツ国内の目標16ヵ所を爆撃するために飛来した、1,261機からなるB-17、B-24の大編隊が、彼らの獲物である。ところが、この日の爆撃を終えた第8航空軍の報告書には「敵が自暴自棄になっている兆候として、Fw190は自発的な体当たりによる攻撃を試み、爆撃編隊に飛び込んだ敵機からパイロットが脱出する姿が確認された。殺人的な銃火にさらされながら、狂気に充ちた攻撃を敢行したのである。すでに空戦戦術は消え去った。本日の敵の反応から、ドイツ空軍は敗戦を覚悟しながらも、狂信的かつ自殺的な攻撃によって最期を迎えようとしている事が明らかになった」との記述しかない。

　この日、17機の爆撃機が失われ、そのうち5機のB-17は意図的な体当たりによって撃墜されたと見られている。実際の数字は、エルベ特別攻撃隊による戦果は撃墜12機であり、ドイツ空軍側では40名のパイロットが戦死した。損失率は33％。そしてこれがドイツ空軍の断末魔の喘ぎとなった。

　アメリカ軍の空軍力増強ペースは決して緩むことなく、実験的な派生機の開発も続いていた。例えば、1943年春にイギリスに到着したYB-40「ガンシップ」は、B-17の武装強化型派生機で、B-17Fをベースに、ロッキード-ベガ社で開発された機体である。最小でも16挺以上の機関銃を搭載し、爆撃機群の護衛にあたると共に、敵の攻撃を引きつける役割を担う目的で開発された。しかし、12機の試作されただけで、これらはすべて

機関砲の直撃を受けて左翼が大破した状態にもかかわらず、グラットン基地に帰還した457BG所属のB-17Gの様子。MK108 30㎜機関砲の近距離射撃はB-17フライングフォートレスやB-24リベレーターの主翼を簡単にもぎ取ってしまう。

327BS/92BGに送られ、1943年5月から7月にかけて実戦に投入された。実際のところ、高々度での編隊を組んで運用するにはかなり難がある機体だったため、役立ったとはとても言えない。爆弾倉には弾薬を満載しているために、爆弾を投下して重量が軽くなった通常のB-17に追随するのは困難だったのである。戦闘重量のYB-40は、爆弾投下後のB-17Fより1トン近くも重かったからだ。こうした事情から、第8航空軍はYB-40の運用を諦めた。

　実戦で疲弊したB-17の機体に爆薬を搭載して、遠隔操作で地上目標に命中させる、一種の誘導爆弾実験も行なわれた。特殊なH2X地上走査レーダーは、悪条件の天候下でも使用できる利点があり、RAFの沿岸防空コマンドは対潜レーダーを搭載したフォートレスを投入してUボート狩りに役立ている。カナダ空軍も少数ではあるが、輸送機としてB-17を使用している。戦争が終わり、1946年から翌年にかけては、ビキニ環礁における原爆実験で、無線操縦型のB-17「ドローン」が、衝撃波や放射能の影響に関するデータ収集に使用された。また、少数であるが、新生国家のイスラエルや、ドミニカ、ボリビア、チリ、ブラジル、ポルトガルなどでも、B-17フライングフォートレスは使用されている。

参考文献
Further reading

Bowman, Martin W., Castles in the Air - The Story of the B-17 Flying Fortress Crews of the US Eighth Air Force (Patrick Stephens, Wellingborough, 1984)

Bowman, Martin W., Osprey Combat Aircraft 18 - B-17 Flying Fortress Units of the Eighth Air Force (Part 1) (Osprey Publishing, Oxford, 2000)

Buckley, John, Air Power in the Age of Total War (UCL Press, London, 1999)

Budiansky, Stephen Air Power - From Kitty Hawk to Gulf War II: A History of the People, Ideas and Machines that Transformed War in the Century of Flight (Penguin Viking, London, 2003)

Caldwell, Donald, The JG 26 War Diary Volume One 1939-1942 (Grub Street, London, 1996)

Caldwell, Donald and Richard Muller, The Luftwaffe over Germany - Defence of the Reich (Greenhill Books, London, 2007)

Campbell, Jerry L., Focke-Wulf Fw190 in Action (Squadron/Signal Publications, Warren, 1975)

Carlsen, Sven and Michael Meyer, Die Flugzeugführer-Ausbildung der Deutschen Luftwaffe 1935-1945 Band II (Heinz Nickel Verlag, Zweibrücken, 2000)

Clarke, R.M. (ed), Boeing B-17 and B-29 Fortress and Superfortress Portfolio (Brooklands Books, Cobham, 1986)

Craven, W.F. and J.L. Cate, The Army Air Forces in World War II, Volume I - Plans and Early Operations (January 1939 to August 1942) (The University of Chicago Press, Chicago, 1948)

Forsyth, Robert, Jagdwaffe - Defending the Reich 1943-1944 (Classic Publications, Hersham, 2004)

Forsyth, Robert, Jagdwaffe - Defending the Reich 1944-1945 (Classic Publications, Hersham, 2005)

Freeman, Roger, American Bombers of World War Two - Volume One (Hylton Lacy Publishers, Windsor, 1973)

Freeman, Roger, The U.S. Strategic Bomber (Macdonald and Jane's, London, 1975)

Freeman, Roger, B-17 Flying Fortress (Janes, London, 1983)

Freeman, Roger A., Mighty Eighth War Manual (Janes, London, 1984)

Gobrecht, Lt Col (USAF Ret), Harry D., Might in Flight - Daily Diary of the Eighth Air Force's Hell's Angels - 303rd Bombermdent Group (H) (The 303rd Bombermdent Group (H) Association, Inc., San Clemente, 1993)

Hammel,Eric,Air War Europa - America's Air War against Germany in Europe and North Africa: Chronology 1942-1945（Pacifica Press,1994）

Jablonski,Edward,Flying Fortress - The Illustrated Biography of the B-17s and the Men Who Flew Them（Purnell Book Services,London,1965）

Lorant,Jean-Yves and Jean-Bernard Frappé,Le Focke Wulf 190（Éditions Larivière,Paris,1981）

■ジャン＝ベルナール・フラッペ／ジャン＝イヴ・ローラン共著、『フォッケウルフFw190　その開発と戦歴』小野義矩訳、大日本絵画、1999年

Lorant,Jean-Yves and Richard Goyat,Jagdgeschwader 300 "Wilde Sau" - A Chronicles of a Fighter Geschwader in the Battle for Germany: Volume One June 1943 - September 1944（Eagle Editions,Hamilton,2005）

Lorant,Jean-Yves and Richard Goyat,Jagdgeschwader 300 "Wilde Sau" - A Chronicles of a Fighter Geschwader in the Battle for Germany: Volume Two September 1944 - May 1945（Eagle Editions,Hamilton,2007）

Lowe,Malcolm V.,Osprey Production Line to Frontline 5 - Focke-Wulf Fw 190（Osprey Publishing,Oxford,2003）

McFarland,Stephan L. and Wesley Newton Phillips,To Comman the Sky - The Battle for Air Superiority over Germany,1942-1944（Smithsonian Institution Press,Washington,1991）

Mombeek,Eric with Robert Forsyth and Eddie J.Creek,Sturmstaffel 1 - Reich Defence 1943-1944 The War Diary（Classic Publications,Crowborough,1999）

Prien,Jochen,IV.Jagdgeschwader 3 - Chronik einer Jagdgruppe 1943-1945（strube-drunk,Eutin,undated）

Rodeike,Peter,Focke Wulf Jagdflugzeug Fw190A,Fw190"Dora",Ta152H（strube-drunk,Eutin,undated）

Unknown,Taget:Germany - The U.S.Army Air Forces' Official Story of the VIII Bomber Command's First Year over Europe（HMSO,London,1944）

Wadman,David and Martin Pegg,Luftwaffe Colours Volume Four,Section 1,Jagdwaffe - Holding the West 1941-1943（Classic Publications,Hersham,2003）

そのほかの参考資料

www.303rdbg.com
Correspondence with Willi Unger（1990）
Interview and correspondence with Oscar Boesch（1990）
Correpondence with Richard Franz（1991）
UKNA/AIR22/81 AMWIS The New GAF Flying Training Policy
US Strategic Bombing Survey,The Impact of the Allied Air Effort on the German Air Force Program for Training Day Fighter Pilots 1939-1945,USAFHRC Maxwell AFB

ADI (K) Report No.334/1944:Some Notes on the Output and Training of GAF Fighter Pilots,July 6,1944

ADI (K) Report No.553/1944:The New GAF Flying Training Policy,October 10,1944

Headquarters,Eighth Air Force,Operational Analysis Section,An Evaluation of Defensive Measures Taken to Protect Heavy Bombers from Loss and damage since the Beginning of Operations in the European Theater,November 1944

Archiv:Journal of the International Society of German Aviation Historians-Gruppe 66,Vol.3 No.10 Ian Primmer:Walther Dahl - Jagdflieger

Gray,John M.,Old Dog's last Flight,National Museum of the United States Air Force Friends Journal,Vol.16 No.1,Spring 1993

Missing Air Crew Reports and associated papers for May 29,1944

◎訳者紹介｜宮永 忠将

上智大学文学部卒業。東京都立大学大学院中退。シミュレーションゲーム専門誌「コマンドマガジン」編集を経て、現在、歴史、軍事関係のライター、翻訳、編集者、映像監修などで活動中。「オスプレイ"対決"シリーズ2 ティーガーⅠ重戦車 vs.ファイアフライ」「オスプレイ"対決"シリーズ6 パンター vs.シャーマン」「オスプレイ"対決"シリーズ7 日本海軍巡洋艦 vs 米海軍巡洋艦」など、訳書多数を手がけている。

オスプレイ"対決"シリーズ 8

**Fw190シュトゥルムボック vs B-17フライング・フォートレス
ドイツ上空 1944-45**

発行日	2010年8月9日　初版第1刷
著者	ロバート・フォーサイス
訳者	宮永忠将
発行者	小川光二
発行所	株式会社 大日本絵画 〒101-0054　東京都千代田区神田錦町1丁目7番地 電話：03-3294-7861 http://www.kaiga.co.jp
編集・DTP	株式会社 アートボックス http://www.modelkasten.com
装幀	八木八重子
印刷/製本	大日本印刷株式会社

© 2009 Osprey Publishing Ltd.
Printed in Japan
ISBN978-4-499-23027-8

Fw190 STURMBOCKE VS B-17 FLYING FORTRESS
Europe 1944-45

First published in Great Britain in 2009 by Osprey Publishing,
Midland House, West Way, Botley, Oxford OX2 0PH.
All rights reserved.
Japanese language translation
©2010 Dainippon Kaiga Co., Ltd

販売に関するお問い合わせ先：03(3294)7861　㈱大日本絵画
内容に関するお問い合わせ先：03(6820)7000　㈱アートボックス